职业教育
改革创新
系列教材

短视频制作入门
Premiere
剪辑基础
全彩慕课版

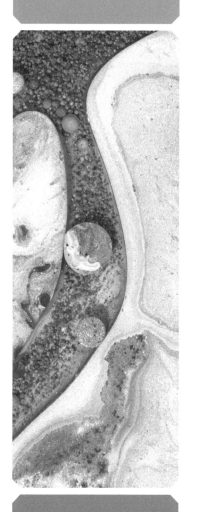

左菁华 王冬梅
沈晓燕

主编

孔祥喆 梁宇翔 李傲寒
祖里皮亚木·米吉提

副主编

人民邮电出版社
北京

图书在版编目（CIP）数据

短视频制作入门：Premiere剪辑基础：全彩慕课版/
左菁华，王冬梅，沈晓燕主编. -- 北京：人民邮电出版
社，2023.7（2024.6重印）
职业教育改革创新系列教材
ISBN 978-7-115-61818-4

Ⅰ．①短… Ⅱ．①左… ②王… ③沈… Ⅲ．①视频编
辑软件－职业教育－教材 Ⅳ．①TN94

中国国家版本馆CIP数据核字(2023)第089940号

内 容 提 要

本书依据国务院印发的《国家职业教育改革实施方案》的要求，针对职业院校学生的培养目标，按照相应岗位的工作内容，系统地介绍了Premiere视频剪辑技术，包括初识视频剪辑与Premiere、视频剪辑技术、制作视频效果、制作转场特效、视频调色、添加与编辑音频、添加与编辑字幕、输出与发布短视频等。本书内容新颖、注重实操，以案例操作为主线，能够充分满足职业教育教学需求。

本书可以作为职业院校网络与新媒体、电子商务、数字媒体技术、网络营销与直播电商等专业短视频制作相关课程的教材，也可以作为广大从业者或爱好者学习 Premiere 视频剪辑技术的参考书。

◆ 主　　编　左菁华　王冬梅　沈晓燕

　　副 主 编　孔祥喆　梁宇翔　李傲寒　祖里皮亚木·米吉提

　　责任编辑　白　雨

　　责任印制　王　郁　彭志环

◆ 人民邮电出版社出版发行　　北京市丰台区成寿寺路 11 号

　　邮编　100164　电子邮件　315@ptpress.com.cn

　　网址　https://www.ptpress.com.cn

　　涿州市般润文化传播有限公司印刷

◆ 开本：889×1194　1/16

　　印张：11　　　　　　　　　　2023 年 7 月第 1 版

　　字数：238 千字　　　　　　　2024 年 6 月河北第 2 次印刷

定价：59.80 元

读者服务热线：(010)81055256　印装质量热线：(010)81055316
反盗版热线：(010)81055315
广告经营许可证：京东市监广登字 20170147 号

前言
Foreword

随着新媒体技术的飞速发展，短视频已经成为当今信息分享与传播的重要形式。剪辑是短视频后期制作中必不可少的一道工序，它在一定程度上决定着短视频作品的整体质量，也是视频的创作和升华的主要手段，能够影响作品的叙事性、节奏性和情感表现。剪辑得当，能为作品锦上添花；剪辑不当，视频效果则会大打折扣。因此，视频剪辑能力是短视频制作人员必备的一项基本功。

Premiere是一款非线性视频编辑软件，它以操作的便捷性和强大的功能性占据着视频后期编辑软件市场的主导地位，是专业视频编辑人员必不可少的重要工具。在短视频制作领域，Premiere可以提高用户的创作能力和创作自由度。需要注意的是，使用Premiere进行短视频剪辑的重点其实不是各种视觉特效，而是各个镜头之间的联系、整个短视频故事的完整性和情绪的表达、视频色调及内容与音频节奏的契合度等。

党的二十大报告指出："必须坚持科技是第一生产力、人才是第一资源、创新是第一动力，深入实施科教兴国战略、人才强国战略、创新驱动发展战略，开辟发展新领域新赛道，不断塑造发展新动能新优势。"为了响应党的二十大号召、发扬创新精神、帮助广大读者快速掌握Premiere视频剪辑技术，我们组织专家和一线骨干教师精心编写了本书。本书以Premiere 2019为操作平台，采用项目任务体例形式，共分为8个项目，包括视频剪辑与Premiere的基本概念，视频剪辑的相关技术，制作视频效果、制作转场特效、视频调色、添加与编辑音频、添加与编辑字幕的基本技能，以及输出与发布短视频的要点，帮助读者全面掌握Premiere视频剪辑的相关知识与技能，提升运用Premiere剪辑短视频的综合能力。

本书主要具有以下特色。

- **技术全面，内容丰富：** 涵盖素材管理、素材编辑、视频效果、转场特效、视频调色、音频制作、字幕制作、优化发布等技术，全方位解析Premiere视频剪辑的方法与技巧。

- **案例主导，学以致用：** 列举大量运用Premiere剪辑短视频的精彩案例，并对案例的剪辑手法进行了深入剖析与讲解，使读者通过学习案例真正达到一学即会、举一反三的学习效果。

前言
Foreword

- **强化应用，注重技能**：秉承"以应用为主线，以技能为核心"的宗旨，强调"学、做、行"一体化，在操作性较强的环节都配有图文结合的步骤解析，同时，每个项目设有"同步实训"板块，让读者在学中做、在做中学，实现学做合一效果。

- **资源丰富，拿来即用**：提供了丰富的立体化教学资源，包括慕课视频、PPT课件、教学大纲、课程标准等，用书老师可以登录人邮教育社区（www.ryjiaoyu.com）获取并下载相关资源。同时，扫描下方二维码登录人邮学院即可观看慕课视频。

本书由左菁华、王冬梅、沈晓燕担任主编，孔祥喆、梁宇翔、李傲寒、祖里皮亚木·米吉提担任副主编，参与本书编写工作的还有王朝峰、刘曦月、倪智丽。尽管编者在编写过程中力求准确、完善，但书中难免存在不足之处，恳请广大读者批评指正。

编　者

2023年4月

目录
Contents

目录
Contents

目录
Contents

目录
Contents

项目一
初识视频剪辑与 Premiere

➜ 职场情境

　　小艾在完成新媒体专业的学习后，因为对短视频十分感兴趣，在找实习单位时，选择了一家文化传媒公司。在经过一段时间的实践后，小艾才发现自己的专业知识学得并不扎实。这次实习经历让她明显地意识到，要想制作专业水准的短视频作品，需要使用专业的视频编辑工具 Premiere。接下来就让我们跟随小艾一起走近视频剪辑与 Premiere，开启 Premiere 视频剪辑学习之旅。

➜ 学习目标

= 知识目标 =

1. 了解视频剪辑的目的。
2. 了解视频剪辑中的常见术语。
3. 了解短视频剪辑的基本流程。
4. 熟悉 Premiere 的工作界面。

= 技能目标 =

1. 学会导入与整理素材。
2. 学会解释素材。
3. 学会创建序列、颜色遮罩、调整图层。

= 素养目标 =

1. 通过短视频进行文化传承、技能接力，弘扬中华传统文化。
2. 在短视频创作中弘扬新时代的工匠精神，不断奋进，争做时代先锋。

任务一 认识视频剪辑

因为小艾的短视频制作水平还没有经过实践的检验，所以她尚无法得知自己能否经受住工作的考验。小艾对视频剪辑理论了解得比较透彻，面对实习单位领导的理论考核，她十分流畅地说明了视频剪辑的目的和常用的术语，还很有条理地讲述了短视频剪辑的基本流程，得到了领导的认可，领导决定让她在公司的内部培训会上做相关的讲解。

↘ 活动一 认识视频剪辑的目的

视频剪辑的目的是将拍摄素材经过选择、取舍、分解和组接，最终形成连贯流畅、含义明确、主题鲜明且有艺术感染力的作品。具体来说，视频剪辑的目的主要包括以下几点。

1. 为画面带来节奏和变化

一个能够持续吸引观众观看下去的视频作品，其画面应当是一直在发生变化的。观众对其中一个画面感兴趣，同时期待下一个画面。视频剪辑就是通过控制视频片段的时长让画面不断变化，从而保持观众的好奇心并将整个视频看完。

● 控制镜头时长影响节奏。镜头的时长是控制节奏的重要手段，大量使用短镜头可以加快视频节奏，给观众带来紧张的气氛；长镜头则能减缓节奏，使观众感到心态舒缓而平和。视频剪辑可以对每一段素材的长度进行控制，进而实现控制节奏的目的。

● 让画面不断变化。视频剪辑人员可以根据视频的主题调整多个片段的顺序和位置，使具有相关性但反差强烈的画面衔接在一起，画面的变化会让观众持续保持新鲜感。

● 让画面与音乐产生联系。当画面的交替与音乐的节奏产生联系时，自然能够制作出有节奏感的视频作品，如音乐卡点视频。当然，画面与音乐的联系不只是卡点这么简单，在不同的画面氛围下音乐的风格和节奏也不同。音乐的选择与画面的氛围一致，可以让画面更有感染力。

2. 使画面符合观众的心理预期

要想使视频画面一直得到观众的关注，视频剪辑人员就要运用剪辑技法使视频画面符合观众的心理预期。首先，要剪掉那些无用的视频片段，只保留必要的、精彩的、能够讲明视频内容的画面，确保观众看到的每一幅画面都是有用的，都可以帮助理解视频内容。

观众在看到一个视频画面后，会对其未来的走向有一个预判，这个预判是基于基本逻辑顺序的。例如，当一个人问另一个人"你该如何解释"时，观众脑海里自然会期待出现另一个给出合理解释的画面，而当画面中真的出现符合观众预期的画面时，故事就可以自然地进行下去，观众会更兴趣盎然地观看视频。而要想实现这个目的，就要通过剪辑来完成。

有时画面之间的逻辑顺序并不是显而易见的，因为如果整个视频中所有画面之间都通过明显的逻辑顺序进行连接，一旦画面内容不够新奇，就很容易让观众感到审美疲劳。因此，视频剪辑人员要善于发现画面之间的潜在联系，然后通过后期剪辑放大这种联系，制造出人意料的效果，引发观众遐想，同时不会让人觉得突兀。

3. 对视频进行二次创作

即使是相同的视频素材，通过不同的方式剪辑也可以形成画面效果、风格和情感完全不同的视频。剪辑的本质就是对视频画面中的人或物进行解构再重组的过程，是对视频素材的二次创作。因此，剪辑不是一种机械式的劳动，需要发挥视频剪辑人员的主观能动性，蕴含着视频剪辑人员对视频内容的理解与思考。

剪辑可以重塑视频，即使是一些平淡无奇的画面，通过剪辑也可以跨越空间和时间组合在一起，形成不可思议的视觉效果，让画面更加精彩，更吸引观众。

↘ 活动二 了解视频剪辑中的常见术语

下面对在视频剪辑中一些常用的术语进行简单介绍。

1. 帧

短视频中的画面虽然是动态影像，但这些影像其实都是通过一系列连续的静态图像组成的，在单位时间内的这些静态图像就称为帧。由于人眼对运动物体具有视觉残像的生理特点，所以，当某段时间内一组动作连续的静态图像依次快速显示时，人眼就会看到一段连贯的动态影像。

2. 帧速率

在短视频中，帧速率是指每秒所包含的帧数，单位为帧 / 秒（f/s）。帧速率越高，画面越流畅；帧速率越低，则画面越卡顿。一般来说，电影的帧速率为 24f/s，电视的帧速率为 25f/s 或 30f/s。运动类动作拍摄的帧速率为 50f/s 或 60f/s，慢动作拍摄的帧速率为 120f/s 或 240f/s。帧速率越高，所需要的图片数目就越多，需要的存储空间也就越大。在实际操作中，视频剪辑人员应根据视频的使用环境进行相应的帧速率设置。

3. 视频分辨率

视频分辨率类似于图像的分辨率，以像素数来计量，理论上视频分辨率越高，视频画面越清晰。在短视频中，常见的分辨率有 720P、1080P 和 4K 分辨率。按照常见的 16∶9（宽∶高）的视频比例计算，720P 分辨率的水平和垂直像素数为 1280×720，1080P 分辨率的水平和垂直像素数为 1920×1080，4K 分辨率的水平和垂直像素数为 3840×2160。

4. 码流

码流是指视频文件在单位时间内使用的数据流量，也称码率，是视频编码中控制画面质量的重要参数。在分辨率相同的情况下，视频文件的码流越大，压缩比就越小，画面质量就越好。

5. 电视制式

电视制式是电视信号的标准，简称制式，可以简单地理解为传输电视图像或声音信号所采用的一种技术标准。NTSC 和 PAL 属于全球两大主要的电视制式，NTSC 制式的供电频率为 60Hz，帧速率为 30f/s；PAL 制式的供电频率为 50Hz，帧速率为 25f/s。在常见的视频帧速率中，30f/s 的帧速率属于 NTSC 制式，而 25f/s 的帧速率属于 PAL 制式。

6. 镜头

镜头是短视频创作最基本的单位，是指用拍摄设备拍摄下来的一段连续的画面，或者两个剪辑点之间的视频片段。短视频实际就是把不同内容的镜头画面相连接，形成一个完整的作品。

7. 剪辑点

剪辑点又称剪接点，简单来说就是两个镜头画面相连接的点。由于镜头包括声、画两部分，所以剪接点也分为画面剪辑点和声音剪辑点。

↘ 活动三　了解短视频剪辑的基本流程

一般来说，短视频剪辑包括以下流程。

（1）整理素材

视频剪辑人员首先要把拍摄阶段拍摄的所有素材进行整理和归类，按照时间顺序或脚本中设置的剧情顺序来排序，或者将所有视频素材进行编号归类。

（2）设计剪辑工作流程

视频剪辑人员在充分熟悉素材后，需要结合这些素材和脚本整理出剪辑的思路。通常情况下，剪辑工作流程需要和短视频团队其他人员一起探讨得出。

（3）粗剪

粗剪是指从所有视频素材中挑选出符合脚本需求，且画质清晰、精美的素材，然后按照剧情顺序重新组接，使画面连贯，符合剧情逻辑，形成短视频的初稿。

（4）精剪

精剪是指在粗剪的基础上进一步分析和比较，删除多余的视频画面，并为视频画面设置调色、滤镜、特效和转场效果，增强视频画面的吸引力。

（5）编辑音频与字幕

视频剪辑人员在完成短视频的精剪后，可以对短视频进行一些细微的调整和优化，然后添加字幕，并配上背景音乐、音效或解说。

（6）输出短视频

短视频剪辑完成后，视频剪辑人员可以根据需要为短视频制作封面，添加片头或片尾，最后将短视频作品输出为特定的格式，然后发布到短视频平台上。

素养小课堂

技能强国是我国现代化建设的长远需求，而技能文化建设是技能型社会建设的文化支点基于文化的演进。技能文化的精神内核逐渐从技能安身立命的个体修为，升华为技能报国的家国情怀。

任务二　认识 Premiere

小艾在学校学习期间也曾接触过 Premiere，但她觉得 Premiere 的功能太复杂，所以没有深入学习。在实习时，她看到同事们剪辑短视频大多使用 Premiere，这才后悔没有在学校掌握这个软件。"亡羊补牢，为时不晚"，为了弥补缺憾，小艾决定认真学习 Premiere 视频剪辑技能，首先是了解它的功能和工作界面，因为这是使用 Premiere 剪辑短视频的基础。

↘ 活动一　了解Premiere软件功能

Premiere 是目前流行的非线性视频编辑软件之一，具有非常强大的视频编辑功能，其主要功能如下。

- Premiere允许用户在编辑的视频中灵活放置、替换和移动各种素材，用户无须按照特定顺序来进行编辑，并且可以随时对视频项目的任何部分进行更改。
- 在Premiere中可以将多个剪辑组合起来，创建一个序列，并以任意顺序编辑序列的任何部分。
- 在Premiere中可以随意调整剪辑的播放顺序，也可以将视频图层混合在一起，添加过渡和视频特效。
- 在Premiere中可以很方便地添加字幕和制作字幕特效。
- 在Premiere中可以将音乐和音频剪辑导入项目中，也可以将配音直接录制到时间轴中，还可以对音频剪辑快捷地进行编辑，添加音频效果等。
- Premiere中包含多种颜色预设，视频剪辑人员可以轻松地将其应用于视频剪辑，还可以根据需要调整预设的强度。此外，Premiere还提供了很多调色工具，以便于进一步细化颜色。

↘ 活动二　熟悉Premiere工作界面

开始 Premiere 视频剪辑之前，我们先要熟悉 Premiere 工作区。下面将介绍如何在 Premiere 2019 中新建项目，以及 Premiere 工作区常用面板的功能。

1. 新建项目

使用 Premiere 编辑短视频之前，要先创建一个项目文件，项目文件用于保存与序列和资源有关的信息。单击"文件"|"新建"|"项目"命令（见图1-1），弹出"新建项目"对话框，在"名称"文本框中输入项目名称，单击"位置"下拉列表框右侧的"浏览"按钮，设置项目文件的保存位置，如图1-2所示，然后单击"确定"按钮。

图1-1 单击"项目"命令

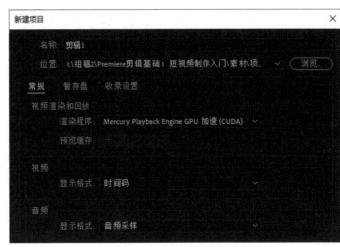

图1-2 "新建项目"对话框

此时即可新建一个项目文件，在窗口标题栏中会显示文件的路径和名称，Premiere 工作区默认显示为"编辑"工作区，如图1-3所示。Premiere 提供了多种工作区布局，包括"编辑""组件""颜色""效果""音频""图形"等工作区，每种工作区都根据不同的剪辑需求对工作面板进行了不同的设定和排布。如果工作区布局经过用户手动调整，可以在菜单栏中单击"窗口"|"工作区"|"重置为已保存的布局"命令来恢复工作区的原样。

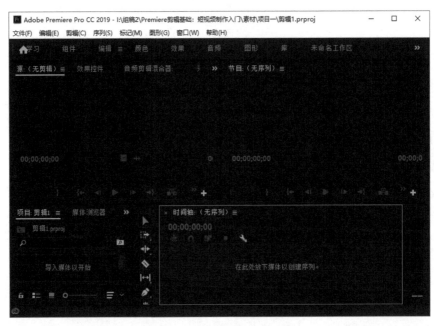

图1-3 Premiere 工作区

2. 认识 Premiere 常用面板

下面对 Premiere 中的常用面板进行简单介绍。

（1）"项目"面板

"项目"面板用于存放导入的素材文件，素材类型可以是视频、音频、图片等，在上方预览区域中还可以显示所选素材的相关信息，如图 1-4 所示。

（2）"源"面板

"源"面板用于查看素材的内容，并对素材进行帧标记、设置出入点、创建子剪辑等操作，如图 1-5 所示。

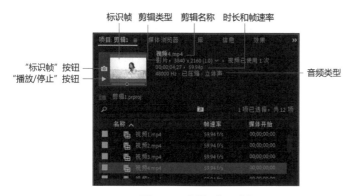

图 1-4 "项目"面板

图 1-5 "源"面板

（3）"时间轴"面板

在视频剪辑过程中，大部分工作是在"时间轴"面板中完成的。剪辑轨道分为视频轨道和音频轨道，视频轨道的表示方式是 V1、V2、V3、…，音频轨道的表示方式是 A1、A2、A3、…，如图 1-6 所示。

（4）"节目"面板

"节目"面板用于预览剪辑过程中的效果变化，也用于预览成片效果，该面板左上方显示当前序列名称，如图 1-7 所示。

图 1-6 "时间轴"面板

图 1-7 "节目"面板

（5）"效果控件"面板

"效果控件"面板是素材的效果调整面板，如果为素材添加了各种效果，就可以在该面板中找到对应的效果参数。通过调整效果参数，可以对素材效果进行设置，如图 1-8 所示。

（6）"工具"面板

"工具"面板主要用于编辑时间线上的素材，如图 1-9 所示。

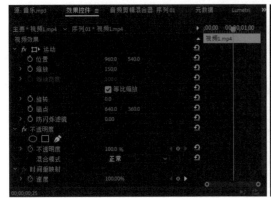

图 1-8 "效果控件"面板

图 1-9 "工具"面板

下面对常用工具的功能进行简单介绍。

- "选择工具" ▶：用于对时间线上的素材进行选择并调整，如修剪素材、移动位置等。选择素材时，按住【Shift】键可以进行多选操作。
- "向前选择轨道工具" ▦/"向后选择轨道工具" ▦：用于选择箭头方向上的全部素材，以进行整体内容的位置调整。
- "波纹编辑工具" ▦：用于调节素材的长度。将素材的长度缩短或拉长时，该素材后方的所有素材会自动跟进。
- "滚动编辑工具" ▦：用于改变相邻素材的出点和入点，不会对其他素材造成影响。
- "比率拉伸工具" ▦：用于调整素材的长度，改变素材的播放速度。
- "剃刀工具" ◈：用于裁剪素材，按住【Shift】键的同时可以裁剪多个轨道上的素材。
- "外滑工具" ▦：用于改变素材的内容，而不影响其持续时间。
- "内滑工具" ▦：使用该工具左右移动中间的素材，此素材不变，左右两边的素材改变，且序列的总体时长不变。

任务三　管理项目与素材

短视频剪辑的开始步骤是导入素材，并在"项目"面板管理素材，这是任何一个短视频剪辑工作的基本操作。小艾经过不断的实践，已经熟练掌握管理项目与素材的方法。

↘ 活动一　导入素材

使用 Premiere 进行视频剪辑的第一步是将要使用的素材导入"项目"面板中，导入的素材实际是原始素材的链接，Premiere 对素材的操作不是在复制或修改原始素材，而是以一种非破坏性的方式操作。

导入素材的方法主要有 3 种，分别是使用"导入"命令导入，将素材拖入"项目"面板，以及使用"媒体浏览器"导入。

1. 使用"导入"命令导入

当视频剪辑人员知道素材的保存位置且已确认要使用哪些素材，可以使用"导入"命令导入素材，方法如下。

在"项目"面板的空白位置双击或按【Ctrl+I】组合键，打开"导入"对话框，找到并选中要导入的素材，然后单击"打开"按钮，如图 1-10 所示。此时即可将所选素材导入"项目"面板中，如图 1-11 所示。若要导入素材文件夹，可以选中文件夹，然后单击"导入文件夹"按钮。

图 1-10　"导入"对话框　　　　　　　　　图 1-11　导入素材

2. 将素材拖入"项目"面板

如果要导入的素材分散在不同的位置，可以将要导入的素材从文件资源管理器直接拖入 Premiere 的"项目"面板中，如图 1-12 所示。若拖入的是文件夹，将自动创建素材箱。

图 1-12　将素材拖入"项目"面板

3. 使用"媒体浏览器"导入

如果要导入的素材还未进行归纳整理，视频剪辑人员不确定要使用哪些素材，可以使用"媒体浏览器"导入。"媒体浏览器"面板与"项目"面板在一个面板组中，切换到"媒体浏览器"面板，在左侧导航窗格中找到素材的保存位置，在下方单击"缩览图视图"按钮□，在右窗格中将鼠标指针置于素材缩览图上并左右滑动，即可预览素材内容，如图1-13所示。双击素材则可以在"源"面板中预览素材内容，以查看是否需要使用。

图1-13　预览素材内容

确认要使用的素材后，选中素材并用鼠标右键单击，在弹出的快捷菜单中选择"导入"命令，如图1-14所示。导入素材完成后，将自动打开"项目"面板，其中会显示导入的素材，如图1-15所示。

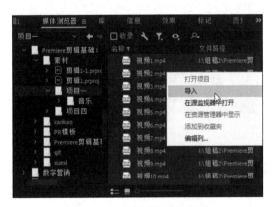

图1-14　选择"导入"命令

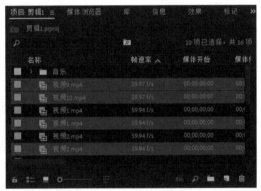

图1-15　显示导入的素材

如果导入的素材有重复，可以在菜单栏中单击"编辑"｜"合并重复项"命令，如图1-16所示，删除重复的素材。在"项目"面板上方单击相应的标签可以对素材进行排序，例如，单击"名称"标签，按名称对素材进行排序，如图1-17所示。

图1-16　单击"合并重复项"命令

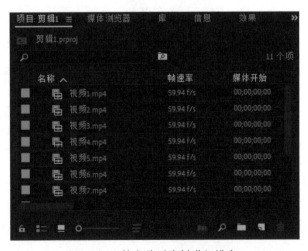

图1-17　按名称对素材进行排序

↘ 活动二 更改"项目"面板显示模式

"项目"面板提供了两种呈现剪辑的方式，一种是列表视图，另一种是图标视图，用户可以灵活地在这两种视图之间切换。在面板下方单击"图标视图"按钮▣，即可切换为图标视图，如图1-18所示。在下方单击"排序图标"按钮☰，在弹出的列表中选择所需的排序方式，如选择"列表视图排序"选项，即可按列表视图中的排序重排剪辑，如图1-19所示。

图1-18 切换为图标视图

图1-19 选择排序方式

在面板下方拖动缩放滑块可以调整缩览图大小，将鼠标指针置于缩览图上并左右滑动即可预览视频素材，如图1-20所示。视频缩览图默认显示视频第1帧的画面，如果该帧画面无法让视频剪辑人员快速了解素材内容，可以在预览视频时找到要使用的画面并按【I】键标记入点，即可将该画面设置为该剪辑的标识帧。

在面板下方单击"列表视图"按钮☰，切换为列表视图，单击面板左上方的☰按钮，在弹出的列表中设置显示预览区域和缩览图，然后拖动缩放滑块调整缩览图大小，显示剪辑的更多信息，如图1-21所示。

图1-20 预览视频素材

图1-21 显示预览区域和缩览图

↘ 活动三 使用素材箱整理素材

使用素材箱可以对"项目"面板中的素材进行整理、归类与分配，以便更好地使用素材。其操作方式与系统中的文件夹类似，方法如下。

在"项目"面板右下方单击"新建素材箱"按钮▭，创建素材箱，并输入名称，如图1-22

所示。选中要移至素材箱中的视频素材，将其拖至"素材箱"图标上，即可完成素材的归类和整理。单击素材箱左侧的"展开"图标▶，即可显示素材箱中的内容，如图1-23所示。要将素材移出素材箱，可以在展开素材箱后，将素材向左拖动直到移出"素材箱"。

图1-22 新建素材箱

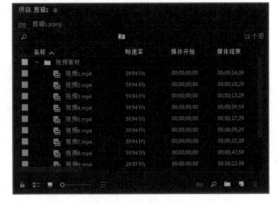

图1-23 展开素材箱

双击"素材箱"图标，会在一个新的面板中将其打开，可以看到它与"项目"面板具有类似的面板选项，如图1-24所示。在"项目"面板中按住【Alt】键的同时双击素材箱图标，可以在新窗口中打开素材箱，如图1-25所示。

图1-24 在新面板中打开素材箱

图1-25 在新窗口中打开素材箱

↘ 活动四 设置素材标签颜色

"项目"面板和"素材箱"面板中的每个素材箱和素材都有其标签颜色。在列表视图中，名称左侧显示了素材的标签颜色。当向序列中添加剪辑时，这些剪辑就会在"时间轴"面板中显示出来，并且带有相应的标签颜色。用户可以根据需要更改标签颜色以区分素材，具体操作方法如下。

步骤 01 在菜单栏中单击"编辑"|"首选项"|"标签"命令，在弹出的对话框中可以看到各种颜色的标签，从中可以根据需要定义标签名称和颜色，例如，可以根据景别、拍摄地点、时间、视频的各个部分等来定义标签名称，单击"确定"按钮，如图1-26所示。

步骤 02 在"项目"面板中选中要设置标签颜色的素材，然后用鼠标右键单击所选素材，选择"标签"命令，在其子菜单中选择所需的颜色，在此选择"绿色"选项，如图1-27所示。

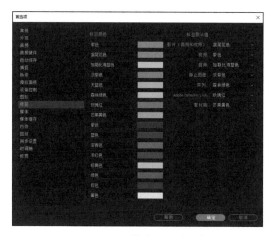
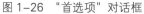

图 1-26　"首选项"对话框

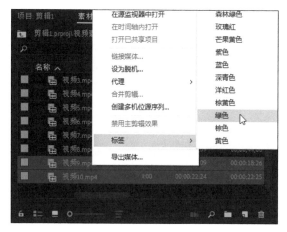

图 1-27　选择"绿色"选项

步骤 03 此时，在"项目"面板的"标签"列可以看到设置的标签颜色，如图1-28所示。

步骤 04 将素材拖至"时间轴"面板，可以看到时间轴中的剪辑同样显现出相应的标签颜色，如图1-29所示。

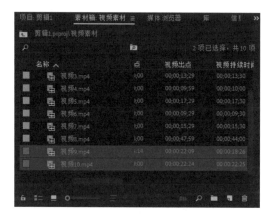

图 1-28　查看标签颜色

图 1-29　查看剪辑标签颜色

步骤 05 "时间轴"面板中的剪辑相当于"项目"面板中素材的副本，默认情况下，当在"项目"面板中修改素材的标签颜色或名称时，序列中相应的剪辑副本不会发生变化。此时，可以在菜单栏中单击"文件"|"项目设置"|"常规"命令，在弹出的对话框中选中"针对所有实例显示项目的名称和标签颜色"复选框，单击"确定"按钮，如图1-30所示。

步骤 06 在"项目"面板上方单击搜索框右侧的"从查询创建新的搜索素材箱"按钮，在弹出的对话框中设置搜索类型为"标签"，"查找"为"绿色"，然后单击"确定"按钮，即可创建搜索素材箱，显示包含的搜索结果，如图1-31所示。

图 1-30　项目设置

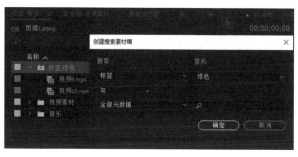

图 1-31　创建搜索素材箱

✎ **经验之谈**

在Premiere项目中，用户最多可以设置16种标签颜色，其中有7种颜色是Premiere根据素材类型（视频、音频、静态图像等）自动为各种素材指派的，在设置标签颜色时尽量不要与这7种颜色相同，以免混淆，这就意味着还有9种颜色可以使用。

↘ 活动五　解释素材

"项目"面板除了可以用来保存所有剪辑外，还提供了用于解释素材的重要命令。例如，每个视频素材都有其帧速率、像素长宽比参数，出于创作需要，视频剪辑人员可能需要修改这些设置，例如，把以60帧/秒帧速率拍摄的视频解释为30帧/秒的帧速率，来实现50%的慢动作效果。解释素材的具体操作方法如下。

步骤 **01** 在"项目"面板中选中所有视频素材，如图1-32所示。

步骤 **02** 在菜单栏中单击"剪辑"｜"修改"｜"解释素材"命令，弹出"修改剪辑"对话框，在"帧速率"选项区中选中"采用此帧速率"单选按钮，设置帧速率为30.00f/s，如图1-33所示。

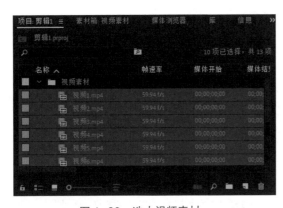

图 1-32　选中视频素材

图 1-33　设置帧速率

步骤 **03** 选择"时间码"选项卡，在"时间显示格式"下拉列表框中选择"使用默认时间显示"选项，如图1-34所示，然后单击"确定"按钮。

步骤 **04** 此时，在"项目"面板的"帧速率"标签列中可以看到所有视频素材的帧速率均变为30.00f/s，如图1-35所示。

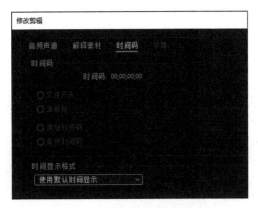

图 1-34　设置时间显示格式

图 1-35　查看素材的帧速率变化

↘ 活动六 创建序列

序列相当于一个容器，用来存放视频剪辑、音频剪辑、图形等，添加到序列内的剪辑会形成一段连续播放的视频。在创建序列时需要进行相关的播放设置，如帧速率、帧尺寸等，向序列中添加剪辑时，若剪辑的帧速率和帧尺寸与序列不同，则序列会把剪辑的帧速率和帧尺寸转换成序列中设置的大小。

在 Premiere 2019 中创建序列的具体操作方法如下。

步骤 01 在"项目"面板右下方单击"新建项"按钮🗖，在弹出的列表中选择"序列"选项，如图1-36所示。

步骤 02 打开"新建序列"对话框，选择"序列预设"选项卡，其中包含了适合大多数典型序列类型的设置，右侧为它们的相关描述。选择序列预设时，先选择机型/格式，然后选择分辨率，最后选择帧速率。在此选择"AVCHD 1080P30"预设，如图1-37所示。

图 1-36 选择"序列"选项

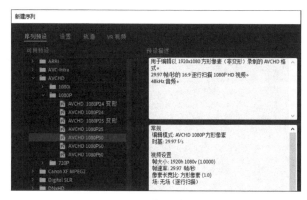

图 1-37 "新建序列"对话框

步骤 03 要更改预设的序列设置，可选择"设置"选项卡，在"编辑模式"下拉列表框中选择"自定义"选项，在"时基"下拉列表框中选择"30.00 帧/秒"选项，如图1-38所示。

步骤 04 在对话框下方单击"保存预设"按钮，如图1-39所示。

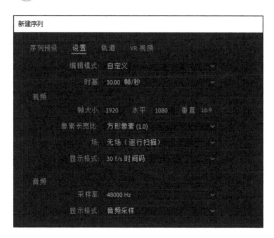

图 1-38 自定义序列设置

图 1-39 单击"保存预设"按钮

步骤 05 在弹出的对话框中输入名称和描述，然后单击"确定"按钮，如图1-40所示。

步骤 06 此时将自动切换到"序列预设"选项卡，在"自定义"文件夹下可以看到保存的序列预设，输入序列名称，单击"确定"按钮，如图1-41所示。

图 1-40　输入名称和描述

图 1-41　输入序列名称

步骤 07 在"项目"面板中即可看到创建的序列，双击序列，如图1-42所示。

步骤 08 此时即可在"时间轴"面板中打开序列，如图1-43所示。

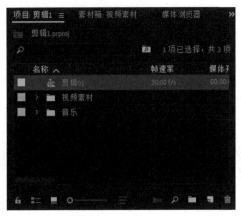

图 1-42　双击序列

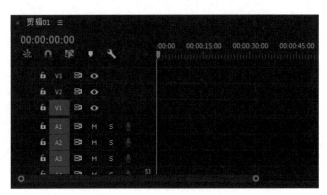

图 1-43　打开序列

🖉 经验之谈

　　如果要让Premiere根据素材自动创建序列，只需将"项目"面板中的视频素材拖至"新建项"按钮■上即可，这样创建出来的新序列和所选剪辑的名称、帧尺寸、帧速率一样。要想更改序列设置，可以在"时间轴"面板中选中序列，然后在菜单栏中单击"序列"|"序列设置"命令，在弹出的"序列设置"对话框中自定义序列参数。

↘ 活动七　创建颜色遮罩

　　颜色遮罩是一个覆盖视频帧的纯色遮罩，可以用作视频背景或创建最终轨道前的临时轨道占位。创建完颜色遮罩后，可以根据需要修改其颜色。创建颜色遮罩的具体操作方法如下。

步骤 01 在"项目"面板右下方单击"新建项"按钮■，在弹出的列表中选择"颜色遮罩"选项，如图1-44所示。

步骤 02 弹出"新建颜色遮罩"对话框，设置"宽度""高度""时基""像素长宽比"等参数，以匹配要在其中使用颜色遮罩的序列（默认情况下会自动匹配当前序列），然后单击"确定"按钮，如图1-45所示。

图1-44　选择"颜色遮罩"选项　　　　　图1-45　"新建颜色遮罩"对话框

步骤 03 弹出"拾色器"对话框，为颜色遮罩选择所需的颜色，然后单击"确定"按钮，如图1-46所示。

步骤 04 在弹出的"选择名称"对话框中输入名称，单击"确定"按钮，如图1-47所示。

步骤 05 此时在"项目"面板中即可看到创建的颜色遮罩，如图1-48所示。

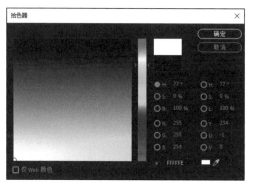

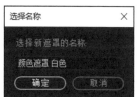

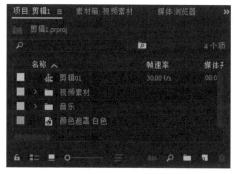

图1-46　选择颜色　　　　　图1-47　输入名称　　　　　图1-48　查看创建的颜色遮罩

↘ 活动八　创建调整图层

使用调整图层可以将同一效果应用至时间轴上的多个剪辑，应用至调整图层的效果会影响图层堆叠顺序中位于其下面的所有图层。使用调整图层时，可以在单个调整图层上使用效果组合，也可以使用多个调整图层控制更多的效果。

创建调整图层的方法如下：在"项目"面板右下方单击"新建项"按钮█，在弹出的列表中选择"调整图层"选项，在弹出的"调整图层"对话框中设置"宽度""高度""时基""像素长宽比"等参数以匹配序列，然后单击"确定"按钮，如图1-49所示。此时，即可在"项目"面板中看到创建的调整图层，如图1-50所示。

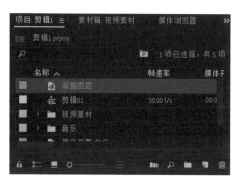

图1-49　"调整图层"对话框　　　　　图1-50　查看创建的调整图层

同步实训

实训内容

在 Premiere 项目中导入并管理素材。

实训描述

在 Premiere 中创建剪辑项目，然后导入所需的视频与音频素材，在"项目"面板中对素材进行整理并新建项，为剪辑音乐情绪短视频做准备。

操作指南

1. 新建项目并熟悉工作区

启动 Premiere 2019，新建并保存"一直在路上"剪辑项目，将工作区切换为"编辑"工作区，熟悉常用的工作面板。

2. 导入与管理素材

将视频素材与音频素材导入剪辑项目中，在"项目"面板中使用素材箱对视频素材进行整理，然后预览并排序视频素材。根据需要设置素材标签颜色以区分不同的素材，并通过"解释素材"设置视频素材的帧速率。

3. 新建项

在"项目"面板中为剪辑短视频创建序列，设置正确的序列参数，然后根据需要创建颜色遮罩和调整图层。

项目二
视频剪辑技术

➡ **职场情境**

在了解了 Premiere 的基础知识后，小艾跟随同事小赵经历了一次工作上的实战。同事拍摄了一组主题为"花海漫步"的短视频素材，画面唯美，现在需要将这些素材剪辑成一条短视频。小艾对 Premiere 的剪辑操作比较生疏，所以她决定先观摩小赵的操作。虽然视频剪辑看起来很复杂，但经过小赵的示范和讲解，小艾对 Premiere 的剪辑操作有了清晰的认识。

➡ **学习目标**

= **知识目标** =

1. 掌握使用"源"面板编辑素材的方法。
2. 掌握使用"时间轴"面板编辑剪辑的方法。
3. 掌握使用高级剪辑技术编辑剪辑的方法。
4. 掌握调整剪辑构图的方法。

= **技能目标** =

1. 学会在"源"面板中编辑素材。
2. 学会在"时间轴"面板中编辑剪辑。
3. 学会调整剪辑速度、四点编辑、替换剪辑、高级修剪等高级剪辑技术。
4. 学会更改剪辑大小、位置和角度。

= **素养目标** =

1. 通过视频剪辑传递正能量，凝聚向上、向善力量。
2. 把握短视频剪辑的整体思路，培养全局思维，增强全局观念。

任务一 使用"源"面板编辑素材

小艾发现，同事小赵在剪辑短视频时，总会先使用"源"面板预览素材，熟悉素材内容，并为素材标记范围或创建子剪辑，再将素材添加到序列中进行编辑。小赵告诉小艾，"时间轴"面板中的剪辑其实是一个指向素材文件的链接，从外观来看，剪辑与它们所指向的素材文件没什么两样，但在添加剪辑前需要熟悉素材并标记要使用的部分。听了小赵的讲解，小艾决定认真学习使用"源"面板编辑素材的方法。

↘ 活动一 预览素材

在将视频素材添加到序列之前，一般先使用"源"面板预览素材，具体操作方法如下。

步骤 01 打开"素材文件\项目二\剪辑1.prproj"项目文件，在"项目"面板中双击"视频1"素材，即可在"源"面板中加载并预览"视频1"素材，如图2-1所示。

步骤 02 要在"源"面板中加载更多的素材，可以在"项目"面板中选中多个视频素材，然后将所选素材拖至"源"面板中，如图2-2所示。

图 2-1 加载并预览素材

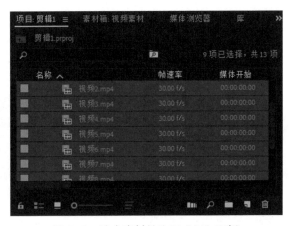

图 2-2 选中素材并拖至"源"面板

步骤 03 在"源"面板左上方单击≡按钮，在弹出的列表中选择对应的视频素材即可进行预览，如选择"视频4.mp4"，如图2-3所示。

步骤 04 此时即可在"源"面板中预览"视频4"素材，如图2-4所示。

图 2-3 选择要预览的视频素材

图 2-4 预览视频素材

经验之谈

在"源"面板中单击"选择回放分辨率"下拉按钮 ▮¼ ▮，就会弹出不同等级的分辨率调整数值下拉列表，其作用是当预览视频发生卡顿时可以选择降低分辨率数值，以流畅地预览视频内容。

↘ 活动二 选择剪辑范围

在向序列中添加视频素材时，通常只会用到素材的一部分。视频剪辑人员可以通过"源"面板在视频素材中选择要使用的部分，具体操作方法如下。

01 在"源"面板中预览素材，拖动播放滑块，将其移至所需视频片段的起点位置，单击"标记入点"按钮▮，设置视频入点，如图2-5所示。

02 拖动播放滑块，将其移至所需视频片段的出点位置，单击"标记出点"按钮▮，设置视频出点，如图2-6所示。此时可以看到入点左侧和出点右侧的部分已被排除在外，采用同样的方法为其他视频素材标记入点和出点。

图 2-5 标记入点

图 2-6 标记出点

03 在项目中，入点和出点一直在视频素材中存在，视频剪辑人员可以根据需要更改入点和出点的位置。若要删除视频素材中的入点和出点，可以在"源"面板中用鼠标右键单击视频画面，选择"清除入点和出点"命令，如图2-7所示。

除了通过"源"面板为视频素材标记入点和出点，还可以在"项目"面板或素材箱中快速为视频素材标记入点和出点。在"视频素材"素材箱中切换为图标视图，拖动缩放滑块调整缩览图大小，然后在缩览图上左右拖动鼠标指针预览视频素材，或者选中视频素材后拖动下方的播放滑块预览视频素材。在预览视频素材时，可以通过按【I】键标记入点，按【O】键标记出点来选择要使用的范围，如图 2-8 所示。

经验之谈

除了通过拖动播放滑块来跳转画面位置外，还可以通过直接输入时间码来跳转位置。方法如下：在时间码上单击，然后直接输入对应的数字即可。Premiere在计算时间码时，4个两位数数值分别对应时、分、秒、帧，且它会自动从数字的最后一位向前分配。例如，输入"0621"后按【Enter】键确认，即可跳转到6秒21帧的位置。此外，还可以通过简单的运算来从当前时间进行跳转，例如向右前进10帧，可以在时间码中输入"+10"；向左后退1秒，可以输入"-100"。若时间码不是标准的样式，可以按住【Ctrl】键的同时单击视频码进行样式切换。

图 2-7　选择"清除入点和出点"命令　　　　图 2-8　在素材箱中为素材标记入点和出点

↘ 活动三　创建子剪辑

　　如果视频素材较长，在添加剪辑时需要用到素材中的不同部分，就可以通过创建子剪辑将素材分成若干片段。创建子剪辑的具体操作方法如下。

步骤 01 在"源"面板中预览"视频7"素材，通过标记入点和标记出点来选择子剪辑的范围，如图2-9所示。

步骤 02 用鼠标右键单击视频画面，选择"制作子剪辑"命令，如图2-10所示，或者直接按【Ctrl+U】组合键。

图 2-9　标记剪辑范围　　　　　　　　　图 2-10　选择"制作子剪辑"命令

步骤 03 弹出"制作子剪辑"对话框，输入子剪辑名称，选中"将修剪限制为子剪辑边界"复选框，然后单击"确定"按钮，如图2-11所示。

步骤 04 子剪辑创建完成后，在"项目"面板中可以看到创建的子剪辑，如图2-12所示。

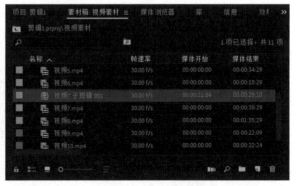

图 2-11　"制作子剪辑"对话框　　　　　　图 2-12　查看子剪辑

↘ 活动四 添加标记

在 Premiere 中可以使用标记标识剪辑或序列中的特定时间点，并添加相应的注释，以便以后引用或使用它们时能够了解与该剪辑相关的重要信息。在剪辑上添加标记的具体操作方法如下。

01 在"源"面板中预览"视频8"素材，将播放滑块定位在人物撩头发动作的位置，然后单击"添加标记"按钮◩或按【M】键，即可添加一个标记，如图2-13所示。

02 按住【Alt】键的同时拖动标记划分标记范围，如图2-14所示。

图 2-13 添加标记

图 2-14 划分标记范围

03 在"源"面板中双击标记，弹出"标记"对话框，输入标记名称，并根据需要添加注释，然后单击"确定"按钮，如图2-15所示。

04 此时，即可查看设置的标记效果，如图2-16所示。

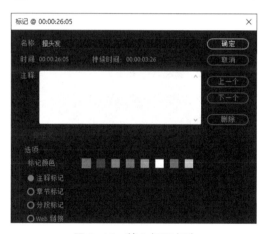

图 2-15 输入标记名称

图 2-16 查看标记效果

05 在"项目"面板中双击"音乐"音频素材，在"源"面板中预览音频素材，按空格键播放音乐，随着音乐播放在音乐节奏点位置按【M】键快速添加标记，如图2-17所示。添加标记完成后，通过在下方导航条上滚动鼠标滚轮放大时间标尺，根据音频波形重新调整各标记的位置。

06 单击"窗口"｜"标记"命令，打开"标记"面板，按时间顺序显示一系列标记，如图2-18所示，还可以对标记名称、标记入点和出点进行设置。

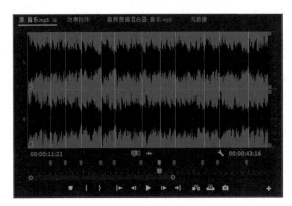

图 2-17　为音频素材添加标记

图 2-18　"标记"面板

任务二　使用"时间轴"面板编辑剪辑

　　小艾经过学习了解到，Premiere 的"时间轴"面板是视频编辑的核心工作区域，日常大部分视频编辑工作是在这个面板中完成的。小艾也看到，同事小赵在剪辑视频时大多会在这个面板中操作。看到那么多的剪辑密集分布，小艾一开始觉得操作起来比较烦琐，但经过同事小赵的细心指导后，她掌握了使用"时间轴"面板编辑剪辑的基本操作方法。

↘ 活动一　认识"时间轴"面板

　　"时间轴"面板是视频剪辑人员创作的画布，如图 2-19 所示，在"时间轴"面板中，可以把剪辑添加到序列中，对各剪辑进行编辑修改、添加视频和音频效果、混合音轨，以及添加字幕等。

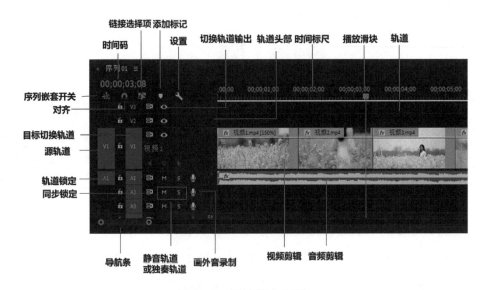

图 2-19　"时间轴"面板

　　在"时间轴"面板中可以同时打开多个序列，每个序列都有自己的时间轴。在"时间轴"面板中还可以添加任意数量的视频轨道和音频轨道，在视频轨道中上层轨道上的影像会覆盖下层轨道上的影像，而在音频轨道中则是同时播放各音频轨道。

用户可以使用键盘上的【=】键和【–】键（位于主键盘上方）来缩放序列，使用【\】键在当前缩放级别和显示整个序列之间进行切换，如图 2-20 所示。

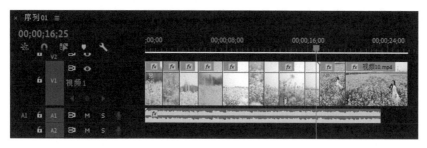

图 2-20　显示整个序列

在每个轨道头部，最左侧控件为源轨道指示器，表示当前在"源"面板中显示或在"项目"面板中所选剪辑中的可用轨道。在"源"面板中使用"插入"/"覆盖"按钮（或使用相应的快捷键）向序列中添加剪辑时，源轨道指示器的选择很重要，其相对于时间轴轨道头的位置指定了要把剪辑添加到哪个轨道上。单击源轨道指示器，可以启用或禁用它。蓝色表示轨道处于启用中，灰色则表示轨道处于禁用中。

图 2-21 所示的源轨道指示器意味着在使用按钮或快捷键从"源"面板向序列中添加剪辑时，会把带有一个视频轨道的剪辑添加到序列的 V2 轨道上，因为不存在源音频轨道指示器，所以不会在音频轨道上添加音频剪辑。图 2-22 所示的源轨道指示器意味着会把带有一个视频轨道和一个音频轨道的剪辑添加到序列的 V2 和 A2 轨道上。

图 2-21　设置源轨道指示器 1　　　图 2-22　设置源轨道指示器 2

需要注意的是，在"轨道锁定"按钮右侧为时间轴轨道选择按钮，虽然它与源轨道指示器看起来类似，但它们的功能不一样。时间轴轨道选择按钮用来选择序列中的轨道，在渲染效果或做时间轴选择时很有用。

在"时间轴"面板中有两种锁定轨道的方法，即同步锁定和轨道锁定。使用同步锁定剪辑，当使用插入编辑添加一个剪辑时，其他轨道上的剪辑也会保持时间同步。例如，选中"视频 2"和"视频 3"之间的间隙（见图 2-23），然后按【Delete】键删除间隙，此时 V2 轨道上的"视频 3"剪辑将随其他剪辑一起向左移动，以适应位置变化，如图 2-24 所示。

图 2-23　选中间隙

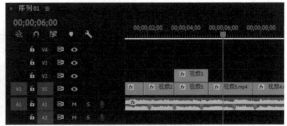

图 2-24　剪辑同步移动

按【Ctrl+Z】组合键撤销删除间隙操作，在 V2 轨道头部取消同步锁定▦，然后再次删除间隙，可以看到 V2 轨道上的"视频 3"剪辑位置没有发生变化，如图 2-25 所示。

使用轨道锁定功能则可以防止对轨道进行修改，这是一种避免对特定轨道进行意外修改的保护方式。例如，单击 A1 音频轨道上的"切换轨道锁定"按钮▣，即可锁定 A1 轨道，轨道上会出现斜线，如图 2-26 所示。

图 2-25　取消同步锁定

图 2-26　启用轨道锁定

↘ 活动二　向序列中添加剪辑

向序列中添加剪辑有多种方法，包括通过拖放操作添加剪辑、通过单击按钮添加剪辑，以及使用"节目"面板添加剪辑等。

1. 通过拖放操作添加剪辑

通过拖放操作添加剪辑是最常用的操作，具体操作方法如下。

步骤 01　在"时间轴"面板中打开"剪辑01"序列，在时间轴头部启用V1轨道上的源轨道指示器，禁用音频源轨道指示器，这样在添加剪辑时只添加视频剪辑而不添加音频剪辑，如图2-27所示。

步骤 02　将"视频1"剪辑从"项目"面板拖至序列，在弹出的对话框中单击"保持现有设置"按钮，如图2-28所示。

图 2-27　设置源轨道指示器

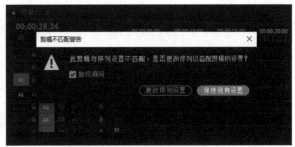

图 2-28　单击"保持现有设置"按钮

03 此时即可在序列中添加"视频1"剪辑，如图2-29所示。采用同样的方法，添加"视频2"剪辑。

04 在"源"面板中打开"视频3"素材，标记入点和出点，然后拖动"仅拖动视频"按钮 到序列中，如图2-30所示。使用此方法添加剪辑不受源轨道指示器控制。

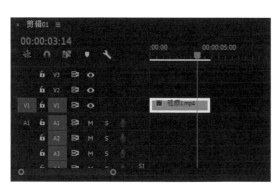

图 2-29 添加"视频 1"剪辑

图 2-30 拖动"仅拖动视频"按钮

2. 通过单击按钮添加剪辑

通过在"源"面板中单击"插入"按钮或"覆盖"按钮，可以将剪辑插入序列中，具体操作方法如下。

01 在序列中设置源轨道指示器在V1轨道，将播放滑块移至要插入剪辑的位置，在此将播放滑块移至"视频3"和"视频5"剪辑的组接位置，如图2-31所示。

02 在"源"面板中预览"视频4"素材，标记入点和出点，然后单击"插入"按钮 （见图2-32）或按【,】键。

图 2-31 移动播放滑块的位置

图 2-32 单击"插入"按钮

03 此时即可插入"视频4"剪辑，该剪辑位于"视频3"和"视频5"剪辑之间，如图2-33所示。若在插入"视频4"剪辑时单击"覆盖"按钮 或按【.】键，该剪辑将覆盖"视频5"剪辑。

图 2-33　插入"视频 4"剪辑

经验之谈

　　若在序列中标记了入点或出点，则在添加剪辑时，相比于播放滑块的位置，Premiere会优先使用入点或出点位置。因此当进行"插入"或"覆盖"操作时，应先在序列中清除入点和出点，方法如下：在时间线上单击鼠标右键，在弹出的快捷菜单中选择"清除入点和出点"命令。

步骤 04 在序列中通过拖动的方式插入剪辑为覆盖操作，要使覆盖操作变为插入操作，可以在拖动时按住【Ctrl】键。在序列中按住【Ctrl】键的同时将"视频5"剪辑拖至"视频3"剪辑的结束位置，此时插入位置会显示带锯齿的竖线，表示进行的是插入操作，如图2-34所示。

步骤 05 此时即可将"视频5"剪辑插入"视频3"和"视频4"剪辑之间，这种操作相当于调整了剪辑的顺序，如图2-35所示。

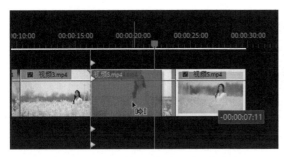

图 2-34　按住【Ctrl】键拖动视频剪辑

图 2-35　调整剪辑顺序

3. 使用"节目"面板添加剪辑

　　除了采用以上两种方法向序列中添加剪辑，还可以直接把剪辑从"源"面板中拖入"节目"面板，以将其添加到序列中，具体操作方法如下。

步骤 01 在序列中设置源轨道指示器在V1轨道，将播放滑块移至要插入剪辑的位置，在此将其移至"视频8"剪辑的位置，如图2-36所示。

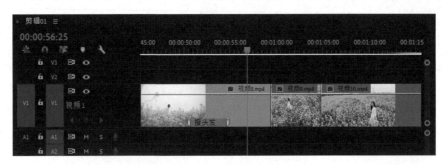

图 2-36　移动播放滑块的位置

02 在"源"面板中预览"视频7子剪辑001"素材，标记入点和出点，然后拖动"仅拖动视频"按钮▣到"节目"面板中，如图2-37所示。

03 此时，"节目"面板中的画面被分为几个区域，每个区域代表一种编辑操作，在此选择"此项后插入"选项，如图2-38所示。

图 2-37　拖动"仅拖动视频"按钮　　　　　图 2-38　选择"此项后插入"选项

"节目"面板中几种编辑操作的含义如下。

- 插入▣：执行"插入"编辑，使用源轨道选择按钮来选择剪辑要放置的轨道。
- 覆盖▣：执行"覆盖"编辑，使用源轨道选择按钮来选择剪辑要放置的轨道。
- 叠加▣：如果当前序列中有剪辑处于选中状态，新剪辑会被添加到所选剪辑上面的可用轨道上。
- 替换▣：新剪辑会替换时间轴中播放滑块当前所指的剪辑。
- 此项后插入▣：新剪辑会被插入时间轴中播放滑块当前所指剪辑的后面。
- 此项前插入▣：新剪辑会被插入时间轴中播放滑块当前所指剪辑的前面。

↘ 活动三　选择剪辑

在序列中选择剪辑有两种方法，一种是通过使用入点标记和出点标记进行时间选择，一种是通过在序列中选择剪辑片段进行选择，具体操作方法如下。

01 在序列中将播放滑块移至要标记入点的位置，按【I】键标记入点，如图2-39所示。

02 将播放滑块移至要标记出点的位置，按【O】键标记出点，即可选中入点和出点之间的剪辑，如图2-40所示。需要注意的是，要选择V1轨道上的剪辑，时间轴头部的V1轨道选择按钮应为蓝色启用状态▣。

图 2-39　标记入点　　　　　　　　　　　　图 2-40　标记出点

29

步骤 **03** 将播放滑块移至目标剪辑上，按【X】键即可在该剪辑的起点和终点分别标记入点和出点，如图2-41所示。按【Ctrl+Shift+X】组合键，可以清除入点和出点。

步骤 **04** 按【V】键调用选择工具，在序列中通过拖动鼠标可以框选多个剪辑。选中剪辑后按【/】键，即可为所选剪辑标记入点和出点，如图2-42所示。

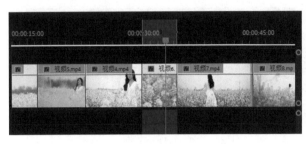 

图2-41　为剪辑标记入点和出点　　　　　　　图2-42　为所选剪辑标记入点和出点

步骤 **05** 将播放滑块移至目标剪辑上，按【D】键即可快速选择该剪辑，如图2-43所示。

步骤 **06** 使用选择工具在按住【Shift】键的同时单击剪辑可以同时选择多个剪辑（见图2-44），或者在多个剪辑中取消对某个剪辑的选择。

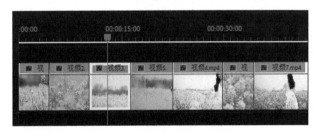 

图2-43　按快捷键选择剪辑　　　　　　　　　图2-44　选择多个剪辑

步骤 **07** 按【A】键调用"向前选择轨道工具" ，此时鼠标指针变为 样式，使用该工具在剪辑上单击，即可选中从所选剪辑到序列末尾所有轨道上的剪辑，如图2-45所示。

步骤 **08** 若要选择单一轨道上的所有剪辑，可以在按住【Shift】键的同时使用"向前选择轨道工具" 单击剪辑，此时鼠标指针为 样式，如图2-46所示。

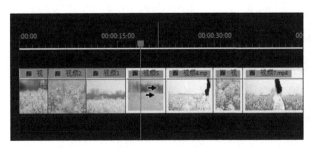 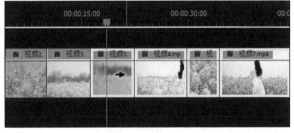

图2-45　使用向前选择轨道工具选择剪辑　　　图2-46　使用向前选择轨道工具选择单一轨道剪辑

↘ 活动四　设为帧大小

通过"设为帧大小"功能可以使剪辑的帧大小与序列的帧大小保持一致，具体操作方法如下。

步骤 **01** 在序列中选中所有视频剪辑，然后用鼠标右键单击所选的视频剪辑，选择"设为帧大小"命令，如图2-47所示。

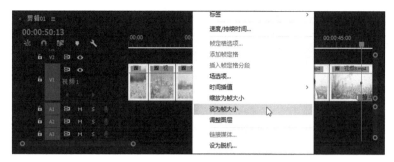

图 2-47 选择"设为帧大小"命令

02 此时，Premiere会自动调整剪辑的"缩放"属性，使剪辑的帧大小和序列的帧大小一致。例如，"视频1"剪辑的帧大小为1280像素×720像素，序列的帧大小为1920像素×1080像素，通过"设为帧大小"操作，"视频1"剪辑自动缩放为150.0，在"效果控件"面板中查看"缩放"属性的变化，如图2-48所示。而"视频4"剪辑的帧大小为3840像素×2160像素，通过"设为帧大小"操作，"视频4"剪辑自动缩放为50.0，在"效果控件"面板中查看"缩放"属性的变化，如图2-49所示。

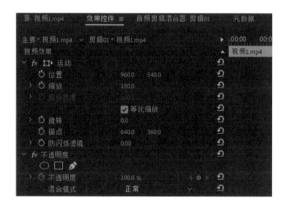

图 2-48 剪辑自动缩放为 150.0

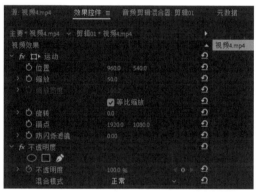

图 2-49 剪辑自动缩放为 50.0

经验之谈

"缩放为帧大小"与"设为帧大小"命令得到的结果类似，不同的是，"缩放为帧大小"命令会使用新的（通常是较低的）分辨率对图像重新采样，使用"缩放"参数把图像缩放为100%，不管原始剪辑的分辨率有多高，图像看起来都会显得模糊。

活动五 修剪剪辑

下面将介绍如何在序列中对剪辑进行常规修剪，具体操作方法如下。

01 将播放滑块移至剪辑中要修剪的位置，按【V】键调用选择工具，然后将鼠标指针移至剪辑的右边缘上，鼠标指针变为样式，如图2-50所示，向左拖动修剪图标到播放滑块位置，此时剪辑右侧与相邻剪辑之间出现相应的间隙，如图2-51所示。

02 使用快捷键也可以精确地实现以上修剪操作。将播放滑块移至剪辑中要修剪的位置，使用选择工具在剪辑的右边缘处单击选中剪辑的出点，如图2-52所示。按【E】键即可将出点修剪到播放滑块位置，如图2-53所示。

图 2-50　将鼠标指针移至剪辑边缘

图 2-51　使用选择工具修剪剪辑

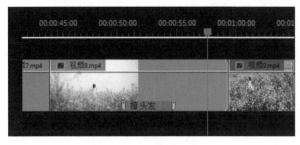

图 2-52　选中剪辑出点

图 2-53　使用快捷键修剪剪辑

步骤 03 如果剪辑中要修剪的部分有很多，可以将播放滑块移至要修剪的位置，然后选中剪辑并按【Ctrl+K】组合键进行分割，如图2-54所示。选中分割后不需要的剪辑片段，按【Delete】键将其删除，如图2-55所示。

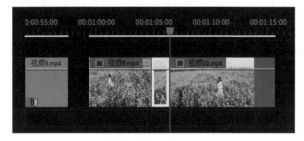

图 2-54　分割剪辑

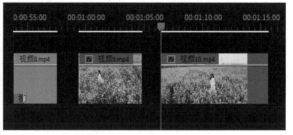

图 2-55　删除剪辑

步骤 04 在修剪剪辑时，如果要拉长剪辑，可以按【B】键调用"波纹编辑工具"，使用该工具向外拖动修剪图标即可，如图2-56所示。此时在"节目"面板中将显示相应的修剪画面及其相邻剪辑的第1帧画面，如图2-57所示。需要注意的是，使用波纹编辑工具修剪剪辑会改变整个序列的长度。

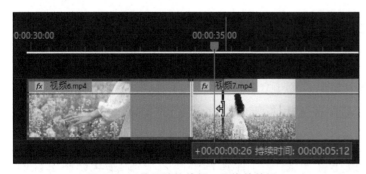

图 2-56　使用波纹编辑工具修剪剪辑

图 2-57　预览修剪画面

步骤 05 按【N】键调用"滚动编辑工具"（也可以在选择工具或波纹编辑工具下按住【Ctrl】键临时切换为滚动编辑工具），使用该工具向右拖动剪辑点位置，增加剪辑的时长，其相邻剪辑的长度会相应地缩短，如图2-58所示。此时，在"节目"面板中将显示剪辑点位置两个剪辑的修剪画面，左侧显示为第1个剪辑的最后一帧，右侧显示为第2个剪辑的第1帧。进行修剪时，画面会动态更新，如图2-59所示。

图 2-58　使用滚动编辑工具修剪剪辑

图 2-59　预览修剪画面

经验之谈

　　如果想要对剪辑进行细微的修剪，如向前或向后修剪1帧，可以先使用修剪工具选中剪辑点，然后按【Ctrl+←】组合键向前修剪1帧，按【Ctrl+→】组合键可以向后修剪1帧。按【Ctrl+Shift+←】组合键可以一次向前修剪5帧，按【Ctrl+Shift+→】组合键可以一次向后修剪5帧。

活动六　移动、复制与重排剪辑

　　下面将介绍如何在序列中移动、复制与重排剪辑，具体操作方法如下。

　　01　在序列中选中剪辑并拖动，即可移动剪辑的位置，如图2-60所示。要对剪辑进行微移，可以按住【Alt+←】组合键或【Alt+→】组合键进行微移。

　　02　在移动剪辑时按住【Alt】键即可复制剪辑，例如按住【Alt】键的同时向上拖动"视频6"剪辑，将其复制到V2轨道上，如图2-61所示。

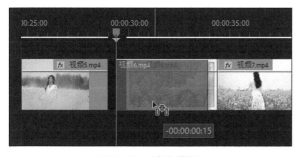

图 2-60　移动剪辑

图 2-61　复制剪辑

　　03　在移动剪辑时按住【Ctrl】键，此时目标位置的时间指针上会出现锯齿，表示进行的是插入操作，如图2-62所示。松开鼠标即可调整剪辑的排列顺序，其他轨道上的剪辑位置将同步调整，如图2-63所示。

　　04　如果只是在V1轨道上调整剪辑的排列顺序，可以按住【Ctrl+Alt】组合键来移动剪辑，此时鼠标指针变为样式，如图2-64所示。松开鼠标后，可以看到V1轨道上剪辑的排列顺序已改变，而V2轨道上的"视频6"剪辑位置没有被同步调整，如图2-65所示。

图 2-62　按住【Ctrl】键移动剪辑

图 2-63　同步调整剪辑位置

图 2-64　按住【Ctrl+Alt】组合键移动剪辑

图 2-65　调整单个轨道上的剪辑顺序

经验之谈

　　在"时间轴"面板中双击序列中的某个剪辑，即可在"源"面板中将其打开，这样就可以在"源"面板中调整剪辑的入点和出点了，Premiere会将所做的修改更新到序列中。默认情况下，当在"源"面板中打开序列中的剪辑时，"源"面板的导航器会自动放大，以便把已选择的区域完整地显示出来，用户可以根据需要调整导航器的缩放级别。

活动七　删除间隙

　　下面将介绍如何找到序列中的间隙并将其删除，具体操作方法如下

步骤01　在"时间轴"面板头部选择要查找间隙的轨道，在此选择V1轨道，如图2-66所示。

步骤02　在菜单栏中单击"序列"｜"转到间隔"｜"轨道中下一段"命令，如图2-67所示。

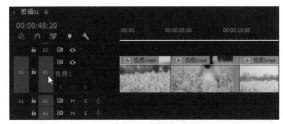

图 2-66　选择轨道

图 2-67　选择"轨道中下一段"命令

步骤03　此时播放滑块即可跳转到间隙位置，如图2-68所示。

步骤04　选中剪辑之间的间隙，按【Delete】键即可将其删除，如图2-69所示。也可以在菜单栏中单击"序列"｜"封闭间隙"命令，封闭轨道上的所有间隙。

图 2-68　跳转到间隙位置

图 2-69　选中间隙并删除

↘ 活动八 链接与断开链接

下面将介绍如何链接与断开视频剪辑和音频剪辑，具体操作方法如下。

01 在时间轴头部启用V2轨道上的源轨道指示器和A2轨道上的源轨道指示器，如图2-70所示。

02 将"视频1"剪辑从"项目"面板拖至序列中，可以看到视频剪辑和音频剪辑是链接在一起的，单击其中一个剪辑将同时选中两个剪辑，如图2-71所示。

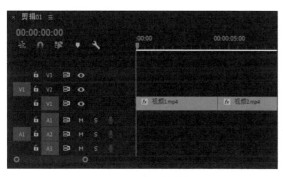

图2-70 设置源轨道指示器

图2-71 选中剪辑

03 用鼠标右键单击选中的剪辑，选择"取消链接"命令，即可取消视频剪辑和音频剪辑的链接，如图2-72所示。要重新链接视频剪辑和音频剪辑，可以选中视频剪辑和音频剪辑后单击鼠标右键，选择"链接"命令。

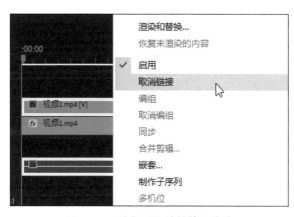

图2-72 选择"取消链接"命令

✎ 经验之谈

若要在带有链接的视频剪辑和音频剪辑中选中其中的一个，可以按住【Alt】键单击剪辑，或者在"时间轴"面板头部禁用"链接选择项"功能 。

↘ 活动九 删除剪辑片段

下面将介绍如何从序列中删除剪辑片段，具体操作方法如下。

01 在序列中标记入点和出点，选择要删除的片段，如图2-73所示。

02 在"时间轴"面板头部轨道选择器中选择V2轨道和A2轨道，取消选择V1轨道，如图2-74所示。

图 2-73　标记入点和出点

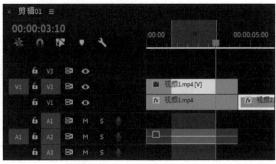

图 2-74　选择轨道

步骤 03 在"节目"面板下方单击"提升"按钮▦或按【;】键，即可删除所选的剪辑片段，如图2-75所示。

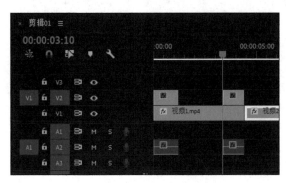

图 2-75　删除所选的剪辑片段

✎ 经验之谈

若单击"提升"按钮▦，在删除剪辑片段后不会留下间隙。使用【Delete】键删除单个剪辑时会留下间隙，若要不留下间隙，可以按【Shift+Delete】组合键删除剪辑。

↘ 活动十　禁用剪辑

禁用剪辑可以在播放时使剪辑不被看到或听到，该功能常用于包含多个层的序列，通过有选择地禁用某些剪辑，以测试不同轨道上剪辑所表现出的差异。禁用剪辑的具体操作方法如下。

步骤 01 用鼠标右键单击V2轨道上的"视频1"剪辑，取消选择"启用"命令，如图2-76所示。

步骤 02 此时即可禁用所选剪辑，在播放时只显示V1轨道上的视频剪辑，如图2-77所示。在禁用或启用剪辑时，也可以通过按【Shift+E】组合键来快速操作。

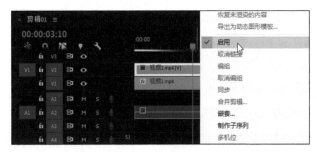

图 2-76　取消选择"启用"命令

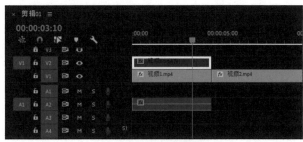

图 2-77　禁用剪辑

素养小课堂

文化自信是对中国特色社会主义文化先进性的自信。这就要求创作者在短视频拍摄、剪辑过程中坚守中华文化立场，提炼展示中华文明的精神标识和文化精髓，加快构建中国话语和中国叙事体系，讲好中国故事、传播好中国声音，展现可信、可爱、可敬的中国形象。

任务三 使用高级剪辑技术编辑剪辑

在同事小赵的讲解和示范下，小艾已经掌握了基本的剪辑技术。但想要加快编辑速度，制作出高水准的专业效果，还需要掌握一些高级剪辑技术。小赵为小艾示范了调整剪辑速度、四点编辑、替换剪辑、高级修剪、创建嵌套序列等高级剪辑技术。

↘ 活动一 调整剪辑速度

下面将介绍如何对剪辑的速度进行调整，以把握短视频的整体节奏感。

1. 更改剪辑速度和持续时间

下面将介绍如何更改剪辑的播放速度和持续时间，具体操作方法如下。

01 在序列中将"音乐"素材添加到A1轨道上，如图2-78所示。

02 用鼠标右键单击"视频1"剪辑，选择"速度/持续时间"命令，如图2-79所示。

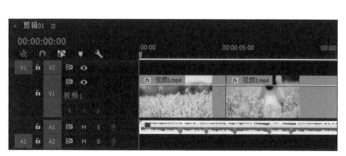

图 2-78 添加音乐素材

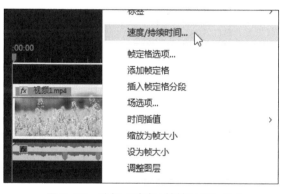

图 2-79 选择"速度/持续时间"命令

03 弹出"剪辑速度/持续时间"对话框，设置"速度"为300%，然后单击"确定"按钮，如图2-80所示。

04 此时可以看到剪辑的时长缩短，剪辑图标上显示300%的速度值，将剪辑的出点修剪到第1个音频标记位置，如图2-81所示。

05 按【Ctrl+R】组合键，再次打开"剪辑速度/持续时间"对话框，取消"速度"与"持续时间"的同步链接，设置速度为250%，然后单击"确定"按钮，如图2-82所示。

06 此时在视频剪辑中可以看到速度已经发生变化，剪辑的持续时间保持不变，如图2-83所示。采用同样的方法，对其他视频剪辑进行调速。

图 2-80　设置剪辑速度

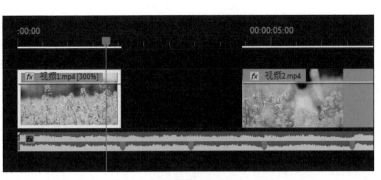

图 2-81　修剪剪辑出点

图 2-82　设置剪辑速度

图 2-83　查看调速效果

✏️ **经验之谈**

　　若要倒放剪辑，可以在"剪辑速度/持续时间"对话框中选中"倒放速度"复选框，在序列显示的新速度旁将显示一个负号。要使变速后画面实现动态模糊效果，还可以在"时间插值"下拉列表框中选择"帧混合"选项。

2. 使用比率拉伸工具调整速度

　　在视频编辑中，使用剪辑填充序列中的间隙时，有时剪辑的内容很合适，但长度不太合适，要么短，要么长，这时可以使用比率拉伸工具来调整剪辑的长度以填充间隙，具体操作方法如下。

步骤 01 在序列中按住【Alt】键的同时向上拖动"视频3"剪辑，将其复制到V2轨道上，如图2-84所示。

步骤 02 根据需要将"视频3"剪辑的出点向右拖动，适当增加剪辑的长度，如图2-85所示。

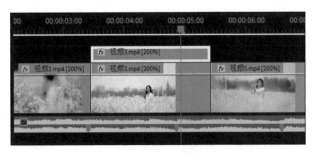

图 2-84　复制剪辑

图 2-85　调整剪辑长度

步骤 03 按【R】键调用"比率拉伸工具"▄，使用该工具向左拖动"视频3"剪辑的出点到下一个剪辑的入点位置，可以看到剪辑的长度缩短，剪辑的速度有所增加，如图2-86所示。

04 选中V2轨道上的"视频3"剪辑，按【Alt+↓】组合键将其移至V1轨道上，覆盖原剪辑，如图2-87所示。

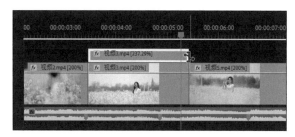

图 2-86　使用比率拉伸工具调整剪辑长度

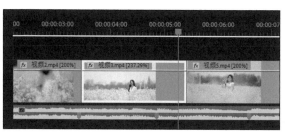

图 2-87　覆盖原剪辑

↘ 活动二　四点编辑

前面介绍的向序列中添加剪辑主要使用了三点编辑技术，即使用入点和出点在源素材上选择范围，使用另外一个入点在序列中选择位置（即播放滑块所在位置）。下面将介绍如何使用四点编辑技术来向序列中添加剪辑，具体操作方法如下。

01 在时间轴头部启用V2轨道的源轨道指示器，选中"视频3"剪辑，按【/】键标记入点和出点，如图2-88所示。

02 在"项目"面板中双击"视频3"剪辑，在"源"面板中根据需要重新标记剪辑的入点和出点，然后单击"覆盖"按钮 ，如图2-89所示。

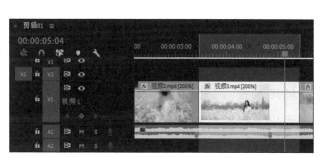

图 2-88　标记入点和出点

图 2-89　单击"覆盖"按钮

03 弹出"适合剪辑"对话框，选中"更改剪辑速度（适合填充）"单选按钮，然后单击"确定"按钮，如图2-90所示。

04 此时"视频3"剪辑将添加到V2轨道上，并根据"时间轴"面板中设置的持续时间自动调整了播放速度，如图2-91所示。

图 2-90　更改剪辑速度

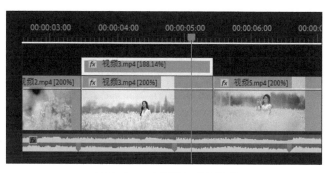

图 2-91　查看添加剪辑效果

在"适合剪辑"对话框中，各选项的含义如下

● 更改剪辑速度（适合填充）：这个选项假定用户有意地设置了4个点，并且标记的持续时间不同。Premiere会保留源剪辑的入点和出点，并根据用户在"时间轴"面板中设置的持续时间调整播放速度。如果想精确调整剪辑播放速度来弥合间隙，可以使用该选项。

● 忽略源入点：选择该选项后，Premiere会忽略源剪辑的入点，把四点编辑转换成三点编辑。如果源监视器中有出点但没有入点，Premiere就会根据用户在"时间轴"面板中设置的持续时间（或到剪辑末尾）自动确定入点的位置。只有当源剪辑长于序列中设置的持续时间时，该选项才可用。

● 忽略源出点：选择该选项后，Premiere会忽略源剪辑的出点，把四点编辑转换成三点编辑。如果源监视器中有入点但没有出点，Premiere就会根据用户在"时间轴"面板中设置的持续时间（或到剪辑末尾）自动确定出点的位置。只有当源剪辑长于目标持续时间时，该选项才可用。

● 忽略序列入点：选择该选项后，Premiere会忽略用户在序列中设置的入点，仅使用序列出点执行三点编辑。持续时间从源监视器中获取。

● 忽略序列出点：选择该选项后，Premiere会忽略用户在序列中设置的出点，并执行三点编辑。持续时间从源监视器中获取。

↘ 活动三　替换剪辑

在视频编辑过程中，有时需要把序列中的一个剪辑替换成另一个剪辑，以制作不同版本的短视频，或呈现不同的视觉效果，此时可以使用替换功能来替换剪辑，具体操作方法如下。

步骤01 在"源"面板中打开要替换的剪辑并标记入点，如图2-92所示。

步骤02 在序列中选中将被替换的剪辑，在此选中"视频1"剪辑，如图2-93所示。

图2-92　标记入点

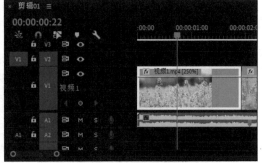

图2-93　选择被替换剪辑

步骤03 在菜单栏中单击"剪辑"｜"替换为剪辑"｜"从源监视器"命令，如图2-94所示。

步骤04 此时在序列中即可替换"视频1"剪辑，如图2-95所示。

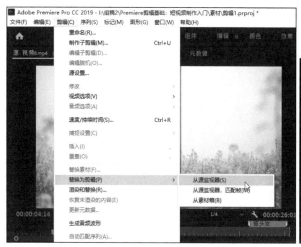

图 2-94 单击"从源监视器"命令

图 2-95 替换剪辑

经验之谈

如果一个剪辑在序列中使用了多次，可以使用素材替换功能来替换该剪辑所有的副本。方法如下：在"项目"面板中用鼠标右键单击该剪辑对应的素材，选择"替换素材"命令，在弹出的对话框中选择新素材即可，Premiere会重新进行链接。

↘ 活动四 高级修剪

前面介绍的修剪剪辑的方法都有其局限性，下面介绍几种高级修剪剪辑的方法。

1. 外滑修剪

外滑修剪会以相同的改变量同时改变序列剪辑的入点和出点，从而把剪辑中的可见内容滚动到适当的位置，具体操作方法如下。

01 按【Y】键调用"外滑工具" ，使用该工具在序列的"视频9"剪辑上向左或向右拖动，如图2-96所示。

02 在"节目"面板中查看调整效果，上方的两个小图为所调整剪辑前一个剪辑的出点和后一个剪辑的入点（这两个编辑点不发生变化），下方的两个大图为当前所调整剪辑的入点和出点，可以看到随着拖动这两个编辑点发生了变化，如图2-97所示。

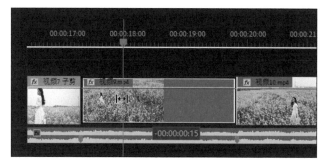

图 2-96 使用外滑工具拖动剪辑

图 2-97 查看调整效果

2. 内滑修剪

使用内滑工具调整不会改变剪辑的持续时间，但会以相同的改变量沿相反方向改变剪辑的出点（向左）和入点（向右），具体操作方法如下。

步骤 01 按【U】键调用"内滑工具" ，使用该工具在序列的"视频4"剪辑上向左或向右拖动，如图2-98所示。

步骤 02 在"节目"面板中预览调整效果，上方画面为当前所调整剪辑的入点和出点（这两个编辑点不发生变化），下方的两个大图为所调整剪辑前面一个剪辑的出点和后面一个剪辑的入点，这两个编辑点随着拖动发生了变化，如图2-99所示。

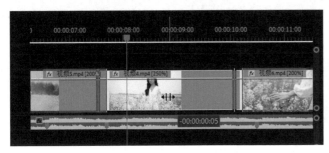
图 2-98　使用内滑工具拖动剪辑

图 2-99　预览调整效果

3. 在"节目"面板中修剪

若要对修剪进行更多的控制，可以使用节目监视器的修剪模式。在该模式下，可以同时看到修剪的转入帧和转出帧，并且有专门的按钮用来做精确调整，具体操作方法如下。

步骤 01 使用选择工具在序列中"视频2"和"视频3"剪辑的组接位置双击，如图2-100所示。

步骤 02 进入修剪模式，在"节目"面板中可以看到两个视频剪辑画面，左侧显示的是转出剪辑（也称A边），右侧显示的是转入剪辑（也称B边）。在两个视频画面下方有5个按钮。选择修剪画面（若按住【Ctrl】键的同时单击画面转出或转入位置，可以切换常规修剪和波纹修剪模式），然后单击相应的修剪按钮即可修剪视频，如图2-101所示。

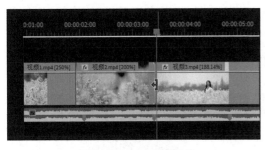
图 2-100　双击编辑点

图 2-101　在修剪模式下修剪视频

✎ 经验之谈

若想在素材箱中找到对应序列中的素材，可以在序列中选中剪辑，然后按【F】键，即可在"源"面板中匹配相应的帧，以便进行素材的替换或修改。若想从"源"面板中找到序列上对应的剪辑，只需在"源"面板选中要找的帧，然后要按【Shift+R】组合键即可。

↘ 活动五　创建嵌套序列

嵌套序列是指包含在另一个序列中的序列。通过"嵌套"将多个剪辑合成一个单独的序列，在剪辑短视频时可以将嵌套序列当成一个剪辑来看待，以便更加快捷地进行编辑。创建嵌套序列的具体操作方法如下。

01　在序列中选中前4个视频剪辑，用鼠标右键单击所选的剪辑，选择"嵌套"命令，如图2-102所示。

02　在弹出的对话框中输入嵌套序列名称，单击"确定"按钮即可创建嵌套序列，如图2-103所示。

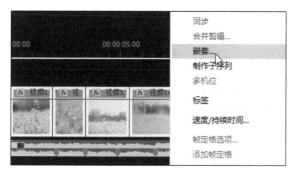

图2-102　选择"嵌套"命令

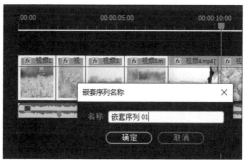

图2-103　输入嵌套序列名称

任务四　调整剪辑构图

短视频剪辑完成后，小艾在预览短视频画面时，发现有些画面的构图不佳，导致画面主体不够突出，缺乏视觉表现力，所以小艾决定对这些画面的构图进行调整，让画面富有美感。小赵告诉她，在"效果控件"面板中调整一些参数，就能改善画面构图。

↘ 活动一　更改剪辑大小和位置

下面将介绍如何更改剪辑的大小和位置，具体操作方法如下。

01　在序列中选中"视频9"剪辑，如图2-104所示。

02　打开"效果控件"面板，在"运动"效果中设置"缩放"参数为75.0，然后根据需要调整"位置"参数为1400.0、585.0，如图2-105所示。

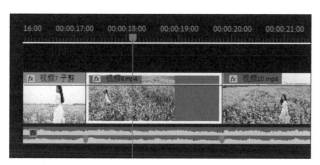

图2-104　选中"视频9"剪辑

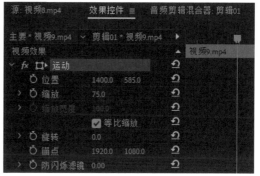

图2-105　设置"缩放"和"位置"参数

步骤 **03** 在"节目"面板中预览剪辑画面效果，如图2-106所示。

图 2-106 预览剪辑画面效果

↘ 活动二 旋转剪辑

下面将介绍如何通过旋转剪辑来调整画面角度，具体操作方法如下。

步骤 **01** 在序列中选中"视频10"剪辑，在"节目"面板中可以看到该剪辑画面的地平线不平，如图2-107所示。

步骤 **02** 打开"效果控件"面板，设置"缩放"参数为75.0，如图2-108所示。

图 2-107 预览剪辑画面   图 2-108 设置"缩放"参数

步骤 **03** 在"效果控件"面板中选中"运动"效果，"节目"面板中将显示画面调整框，拖动锚点图标 ▦ ，将其置于画面的水平线上，如图2-109所示。

步骤 **04** 在"运动"效果中设置"旋转"参数为1.5°，使剪辑画面中的地平线变得水平，效果如图2-110所示。

图 2-109 调整锚点位置   图 2-110 查看旋转效果

同步实训

剪辑"一直在路上"音乐情绪短视频。

打开"素材文件\项目二\同步实训\一直在路上.prproj"项目文件，根据背景音乐剪辑一条短视频。

1. 使用"源"面板编辑素材

在"源"面板中预览各视频素材，对要使用的片段标记入点和出点。若要使用一个视频素材的不同部分，则对该素材创建子剪辑。在视频素材重要的位置上添加标记，然后在背景音乐的节奏点位置添加标记。

2. 使用"时间轴"面板剪辑视频

将各视频剪辑和背景音乐依次添加到"时间轴"面板中，在"时间轴"面板中对视频剪辑进行修剪，并删除视频剪辑之间的间隙。然后根据需要移动、复制或重排视频剪辑。

3. 使用高级剪辑技术编辑剪辑

将音乐素材添加到 A1 轨道上，根据音乐节奏调整各视频剪辑的速度和剪辑点位置。使用四点编辑、替换剪辑、高级修剪技术编辑视频剪辑，然后根据需要创建嵌套序列。

4. 调整剪辑构图

在"效果控件"面板中对各视频剪辑的"位置""缩放""旋转"等参数进行设置，调整视频剪辑画面构图。

项目三
制作视频效果

▶ 职场情境

　　通过学习，小艾已经熟练掌握了 Premiere 的一些基本操作，可以处理简单的剪辑工作。但她知道，优秀的视频剪辑人员应该具备为视频素材赋予"新生命"的能力，绝不是简单地修剪而已。在视频剪辑过程中，一项重要的工作是为视频素材增加一些有看点的视觉效果，让视频更加生动有趣，更具节奏感。有了这个目标，小艾开始重点思考如何提升自己制作视频效果的能力。

▶ 学习目标

　▪ 知识目标 ▪

1. 掌握使用关键帧制作动画的方法。
2. 掌握添加与编辑视频效果的方法。
3. 掌握合成视频画面的方法。
4. 掌握制作创意剪辑效果的方法。

　▪ 技能目标 ▪

1. 学会使用关键帧制作动画。
2. 学会使用时间重映射改变剪辑速度。
3. 学会添加与编辑视频效果。
4. 学会使用多种方法合成视频画面。
5. 学会制作各种创意剪辑效果。

　▪ 素养目标 ▪

1. 树立创新意识，在短视频创作过程中敢于创新、乐于创新。
2. 剪辑短视频时确保逻辑严谨，不违背大众的思维习惯。

任务一 使用关键帧制作动画

Premiere 为视频剪辑提供了若干固定效果，视频剪辑人员可以利用关键帧有弹性地设置这些固定效果的参数，从而制作出满意的动画效果。对于关键帧这个专业名词，小艾的印象很深刻，因为它在视频剪辑过程中的使用率非常高。经过不断的实践，小艾对使用关键帧制作动画的方法已经十分熟悉。

活动一 认识剪辑的固定效果

在 Premiere 中，添加到"时间轴"面板的每个视频剪辑都会预先应用许多效果，这些效果称为固定效果。固定效果可以控制视频剪辑的固有属性，并且无论是否选择视频剪辑，"效果控件"面板中都会显示固定效果。在"时间轴"面板中选中视频剪辑，打开"效果控件"面板，就能看到视频剪辑的固定效果，包括"运动""不透明度""时间重映射"3项，如图 3-1 所示。

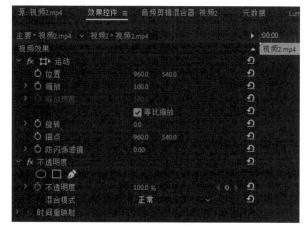

图 3-1 剪辑的固定效果

（1）运动

运动效果包括多种属性，用于动画化、旋转和缩放视频剪辑，调整视频剪辑的防闪烁属性，或者将视频剪辑与其他视频剪辑进行合成。

● 位置：沿着x轴（水平方向）和y轴（垂直方向）放置视频剪辑。位置坐标根据图像左上角的锚点位置计算而得出。因此，对于一个1920像素×1080像素的视频剪辑来说，其默认位置是960.0、540.0，也就是图像的中心点。

● 缩放：在默认情况下，视频剪辑的缩放值为100.0，通过调整"缩放"参数可以放大或缩小视频剪辑。当取消选择"等比缩放"复选框时，将显示"缩放宽度"和"缩放高度"选项，可以单独修改视频剪辑的宽度和高度。

● 旋转：用于设置视频剪辑旋转的度数或旋转数，如输入540°，将显示1×180（1代表1圈，即360°，180表示再加上180°）。正数表示沿顺时针方向旋转，负数表示沿逆时针方向旋转。

● 锚点：旋转和位置移动都是基于锚点进行的，默认情况下锚点位于视频剪辑的中心。可以将其他任意一个点设置为锚点，例如将视频剪辑的4个角点设置为锚点，当旋转视频剪辑时，视频剪辑将绕着角点而非视频剪辑的中心点旋转。当改变视频剪辑的锚点之后，须重新调整视频剪辑的位置，以适应所做的调整。

● 防闪烁滤镜：该功能对于隔行扫描的视频剪辑和包含丰富细节（如细线、锐利边缘、产生摩尔纹的平行线）的图像很有用。在视频剪辑运动过程中，这些包含丰富细节的图像可能会发生闪烁，可以把"防闪烁滤镜"值设置为1.00，为画面添加模糊效果，以减少闪烁。

（2）不透明度

不透明度用于控制视频剪辑的不透明或透明程度，以实现叠加、淡化和溶解之类的效果。还可以使用特殊的混合模式从多个视频图层创建视觉效果。

（3）时间重映射

时间重映射用于对视频剪辑的任何部分设置慢放、快进或倒放，还用于冻结帧。

↘ 活动二 使用关键帧制作缩放动画

关键帧是设置动画的关键点，可用于设置运动、效果、速度、音频等多种属性，随时间更改属性值即可自动生成动画。一个简单的动画效果至少需要两个关键帧，一个关键帧对应变化开始的值，另一个关键帧对应变化结束的值。

下面介绍如何使用关键帧制作缩放动画，具体操作方法如下。

步骤 01 打开"素材文件\项目三\剪辑01.prproj"项目文件，在"项目"面板中双击"剪辑"序列，在"时间轴"面板中打开它，该序列为粗剪后的短视频，如图3-2所示。

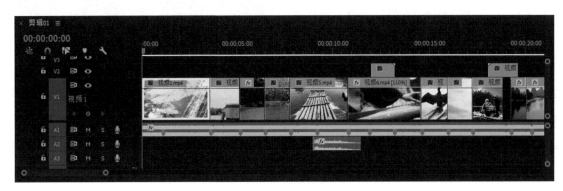

图3-2 打开"剪辑"序列

步骤 02 在序列中按住【Alt】键的同时向上拖动"视频8"剪辑，将其复制到V2轨道上并选中该视频剪辑，如图3-3所示。

步骤 03 打开"效果控件"面板，选中"运动"效果，如图3-4所示。

图3-3 复制剪辑

图3-4 选中"运动"效果

步骤 04 此时在"节目"面板中视频剪辑的周围出现一个边框，同时边框上有多个控制点，在画面中心出现一个十字形图标▦（即锚点），向上拖动锚点，使其位于画面左上方，如

图3-5所示。

步骤 05 在"效果控件"面板中设置"缩放"参数为110.0，即以锚点为中心放大视频剪辑。在"时间轴"面板中将播放滑块拖至最左侧，单击"位置"属性左侧的"切换动画"按钮，启用"位置"动画，即可自动在播放滑块位置添加一个关键帧，如图3-6所示。

图3-5 调整锚点位置　　　　　　　　　　　　图3-6 启用"位置"动画

步骤 06 将播放滑块向右拖动一些距离，然后调整"位置"参数为-180.0、-100.0，即可自动添加第2个关键帧，如图3-7所示。

步骤 07 在"效果控件"面板中拖动播放滑块，在"节目"面板中预览视频剪辑的缩放动画，可以看到画面由固定镜头变为向左上方移动的运动镜头，如图3-8所示。

图3-7 调整"位置"参数　　　　　　　　　　图3-8 预览剪辑缩放动画

↘ 活动三　使用关键帧插值

　　插值是指在两个已知值之间填充未知数据的过程，在关键帧动画中是描述两个关键帧之间如何从 A 到 B 的方式。Premiere 提供了 5 种插值方法，采用不同的插值方法会产生不同的动画效果。

1. 认识关键帧插值

　　在"效果控件"面板中用鼠标右键单击关键帧图标，在弹出的快捷菜单中可以看到"线性""贝塞尔曲线""自动贝塞尔曲线""连续贝塞尔曲线"和"定格"5 种插值方法，其具体含义如下。

　　● **线性**：这是默认的关键帧插值方法，创建从一个关键帧到另一个关键帧的均匀变化，其中的每个中间帧获得等量的变化值。使用线性插值创建的变化会突然起停，并在每一对关键帧之间匀速变化。

- **贝塞尔曲线**：贝塞尔关键帧提供了控制手柄，通过调整控制手柄可以更改关键帧任意一侧的图表形状或变化速率。使用此插值方法可以创建非常平滑的变化。
- **自动贝塞尔曲线**：自动贝塞尔曲线能够让关键帧之间变化的速度很平滑。当更改关键帧的值时，自动贝塞尔曲线的方向手柄会自动变化，以维持关键帧之间的平滑过渡。
- **连续贝塞尔曲线**：该方法与自动贝塞尔曲线类似，但它支持手动调整方向手柄。在关键帧的一侧更改图表的形状时，关键帧另一侧的形状也相应地变化，以维持平滑过渡。
- **定格**：使用该方法更改属性值会产生"突然"的效果变化，而没有渐变过渡，应用了定格插值的关键帧之后的图表显示为水平直线。使用该方法时，第一个关键帧的值会一直保持，直到遇见下一个定格关键帧，值会立即发生变化。使用此方法可以创建定格动画效果。

有些属性和效果为关键帧之间的过渡同时提供了时间插值和空间插值方法。

- **时间插值**：该方法处理的是时间上的变化，是一种用来确定对象移动速度的有效方式。例如，可以使用时间插值来确定物体在运动路径中是匀速移动还是加速移动。
- **空间插值**：该方法处理的是一个对象位置上的变化，是一种在对象穿过屏幕时控制其路径形状的有效方式，该路径称为运动路径。例如，控制一个对象从一个关键帧移至下一个关键帧时是否会产生硬角弹跳，或者是否有带圆角的倾斜运动。

2. 添加缓入和缓出

通过为关键帧动画添加"缓入"和"缓出"预设，可以让机械的运动动画变得自然、有惯性，具体操作方法如下。

步骤 01 在序列中选中"视频8"剪辑，打开"效果控件"面板，选中两个关键帧，用鼠标右键单击选中的关键帧，选择"临时插值"|"缓入"命令，如图3-9所示。再次用鼠标右键单击选中的关键帧，选择"临时插值"|"缓出"命令。

步骤 02 单击"位置"属性左侧的▶按钮展开属性，显示其"值"和"速率"图表。将鼠标指针置于图表下方的边界线上，当指针变为↕样式时向下拖动鼠标，增加图表区域的高度，以更好地查看图表，如图3-10所示。

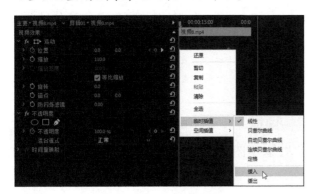

图3-9 选择"缓入"命令

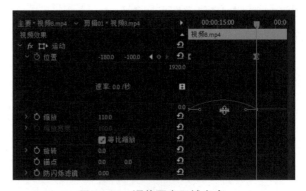

图3-10 调整图表区域高度

步骤 03 分别调整第1个关键帧和第2个关键帧上的控制手柄，调整贝塞尔曲线，以改变运动变化速率，曲线越陡峭，动画运动或速度变化就越剧烈，如图3-11所示。

步骤 04 贝塞尔曲线调整完成后，将第2个关键帧拖至时间轴的最右侧，如图3-12所示。

图 3-11 调整贝塞尔曲线

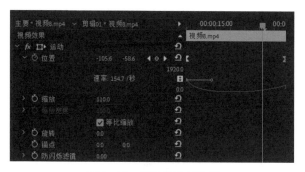

图 3-12 调整关键帧位置

↘ 活动四 使用不透明度制作剪辑淡化效果

下面为"不透明度"效果添加关键帧，制作剪辑渐显或渐隐的转场动画，具体操作方法如下。

步骤 01 在序列中选中"视频1"剪辑，打开"效果控件"面板，可以看到"不透明度"动画默认为启用状态。将播放滑块移至最左侧，单击"添加关键帧"按钮◙添加一个关键帧，如图3-13所示。

步骤 02 按住【Shift】键的同时按3次【→】键，将播放滑块向右移动15帧，单击"添加关键帧"按钮◙添加一个关键帧，如图3-14所示。

图 3-13 添加关键帧

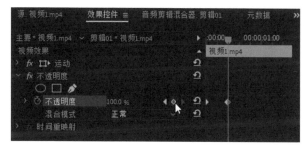

图 3-14 添加关键帧

步骤 03 单击◀按钮转到第1个关键帧，设置"不透明度"参数为0.0%，即可制作剪辑渐显入场效果，如图3-15所示。

步骤 04 在序列中双击V1轨道将其展开，在"视频1"剪辑中可以看到不透明度控制柄上的关键帧为线性关键帧，如图3-16所示。

图 3-15 设置"不透明度"参数

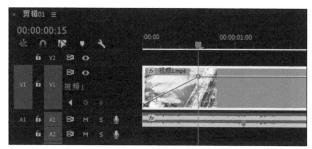

图 3-16 查看剪辑中的关键帧

步骤 05 按住【Ctrl】键的同时单击关键帧，将其转换为贝塞尔曲线关键帧，然后拖动关键

51

帧上的手柄调整贝塞尔曲线，如图3-17所示。

步骤 06 在序列中将"视频9"剪辑复制到V2轨道上，并向右调整视频剪辑的出点，使其覆盖V1轨道上"视频10"剪辑的开头部分。展开V2轨道，在"视频9"剪辑的末尾部分按住【Ctrl】键的同时单击不透明度控制柄，添加两个不透明度关键帧，如图3-18所示。

图 3-17　调整贝塞尔曲线

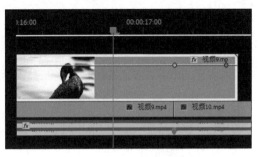

图 3-18　添加不透明度关键帧

步骤 07 将第2个不透明度关键帧向下拖至剪辑的底部（使其不透明度变为0），即可制作剪辑渐隐效果，如图3-19所示。

步骤 08 在"时间轴"面板中拖动播放滑块，在"节目"面板中预览不透明度动画效果，可以看到"视频9"剪辑画面逐渐淡出，显现出其下层的"视频10"剪辑画面，如图3-20所示。

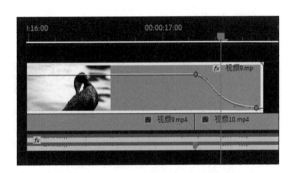

图 3-19　编辑不透明度关键帧

图 3-20　预览不透明度动画效果

↘ 活动五　使用时间重映射改变剪辑速度

使用时间重映射可以调整剪辑不同部分的速度，在单个剪辑中营造慢动作和快动作效果，还可以从一种速度平滑过渡到另一种速度，具体操作方法如下。

步骤 01 在序列中将"视频4"剪辑复制到V2轨道上，用鼠标右键单击视频剪辑左上方的 fx 图标，选择"时间重映射"|"速度"命令，如图3-21所示。

步骤 02 此时视频剪辑会变为蓝色，在横跨剪辑的中心位置出现速度控制柄，按住【Ctrl】键的同时在速度控制柄上单击添加速度关键帧，在此添加两个速度关键帧，如图3-22所示。

图 3-21　选择"速度"命令

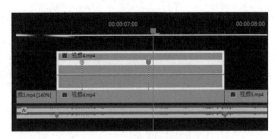

图 3-22　添加速度关键帧

步骤 03 向上或向下拖动速度控制柄，即可进行加速或减速调整。向上拖动两个关键帧之间的速度控制柄进行加速调整，在此将速度调整为200.00%，如图3-23所示。

步骤 04 按住【Alt】键的同时拖动速度关键帧，调整其位置。拖动速度关键帧，将其拆分为左、右两个部分，出现的两个标记之间的斜坡表示速度逐渐变化，拖动两个标记之间的控制柄调整斜坡曲率，使速度变化缓入缓出，如图3-24所示。此时即可更改视频剪辑的播放速度，使其在播放过程中突然加速或减速。

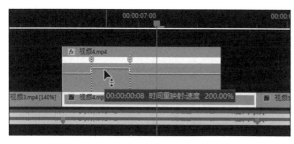

图 3-23 调整剪辑速度　　　　　　　　　图 3-24 拆分速度关键帧

步骤 05 修剪视频剪辑的结束位置，使其与V1轨道上的视频剪辑对齐。用鼠标右键单击剪辑，选择"嵌套"命令，在弹出的"嵌套序列名称"对话框中输入名称，单击"确定"按钮，创建嵌套序列，如图3-25所示。

步骤 06 打开"效果控件"面板，编辑"缩放"动画，添加两个关键帧，设置"缩放"参数分别为100.0、120.0，如图3-26所示。

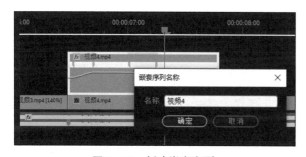 

图 3-25 创建嵌套序列　　　　　　　　　图 3-26 编辑"缩放"动画

✎ **经验之谈**

在设置剪辑时间重映射时，按住【Ctrl+Alt】组合键的同时拖动速度关键帧，可以冻结帧，让画面暂停；按住【Ctrl】键的同时拖动速度关键帧，可以设置剪辑先倒放再正放，让画面重复播放。

任务二 添加与编辑视频效果

如果只使用Premiere提供的固定效果，视频画面并不会有太多的变化，无法满足制作需求。小艾在工作实践中发现，Premiere在视频效果方面有着巨大的潜藏"宝库"，只要打开"效果"面板，就可以找到更多的视频效果，这为视频画面的多样性提供了很大的创作空间。

↘ 活动一 添加视频效果

除了固定的视频效果外，Premiere还提供了许多标准效果以更改剪辑的外观，用户可以在"效果"面板的"视频效果"组中找到这些效果。下面将介绍如何添加视频效果，并将视频效果限制在画面的局部，具体操作方法如下。

步骤 01 打开"素材文件\项目三\剪辑01.prproj"项目文件，在"节目"面板中预览"视频5"剪辑，如图3-27所示。

步骤 02 创建调整图层，并将调整图层添加到序列中，将其移至"视频5"剪辑的上方，如图3-28所示。

图 3-27 预览视频剪辑

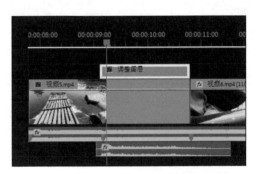

图 3-28 添加调整图层

步骤 03 打开"效果"面板，搜索"高斯模糊"，然后将"高斯模糊"效果拖至序列的调整图层中，或者直接拖入"效果控件"面板，如图3-29所示。

步骤 04 在"效果控件"面板中可以看到添加的"高斯模糊"效果，设置"模糊度"参数为50.0，并选中"重复边缘像素"复选框，如图3-30所示。

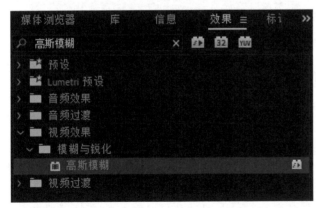

图 3-29 添加"高斯模糊"效果

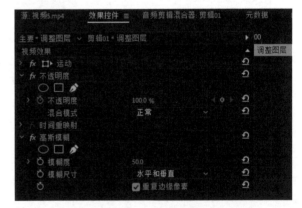

图 3-30 设置"高斯模糊"效果

步骤 05 在"节目"面板中预览画面效果，可以看到画面变得模糊了，如图3-31所示。

步骤 06 在"高斯模糊"效果中单击"创建椭圆形蒙版"按钮◉创建蒙版，选中"已反转"复选框，然后选择"蒙版（1）"，如图3-32所示。

步骤 07 此时即可在"节目"面板中看到创建的蒙版，拖动蒙版上的控制柄调整蒙版路径，使蒙版框住竹筏，可以看到竹筏是清晰的，而"高斯模糊"效果应用到竹筏以外的图像区域，如图3-33所示。

步骤 08 在"蒙版（1）"中调整"蒙版羽化"和"蒙版扩展"参数，如图3-34所示。

图 3-31 预览画面效果

图 3-32 创建蒙版

图 3-33 调整蒙版路径

图 3-34 调整"蒙版（1）"参数

步骤 09 在"节目"面板中预览画面效果，如图3-35所示。

图 3-35 预览画面效果

↘ 活动二　使用关键帧控制视频效果

借助关键帧几乎可以调整所有视频效果的参数，使其随着时间变化，例如，可以让一个剪辑逐渐模糊或清晰。使用关键帧控制视频效果的具体操作方法如下。

步骤 01 打开"效果控件"面板，在"高斯模糊"效果中启用"模糊度"动画，并添加3个关键帧，设置"模糊度"参数分别为0.0、50.0、0.0，即可使画面瞬间模糊后再变得清晰，如图3-36所示。

步骤 02 展开"模糊度"属性，调整关键帧贝塞尔曲线，使画面模糊动画效果更自然，如图3-37所示。

图 3-36 编辑"模糊度"动画

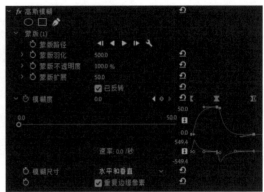

图 3-37 调整关键帧贝塞尔曲线

素养小课堂

　　创新是推动经济高质量发展的重要引擎和动力源泉。创新是一个民族进步的灵魂，是一个国家兴旺发达的不竭源泉。正所谓"苟日新，日日新，又日新"。而创意是创新的第一步，它是创新的火种，这就要求我们努力提升自己的创意能力，培养创造性思维。

任务三 合成视频画面

　　任何将两个或多个剪辑组合在一起的操作都可以称为合成。Premiere 提供了很多视频画面合成方法，主要包括使用不透明度合成画面、使用混合模式合成画面、使用蒙版合成画面、使用超级键抠像等。利用这些视频画面合成方法，视频剪辑人员可以制作出一些无法通过拍摄来完成的视频画面，形成别具一格的画面特效。经过不断的实践，小艾觉得自己对视频剪辑越来越得心应手。在一次视频剪辑任务中，她独立完成了视频画面合成工作。

↘ 活动一 使用不透明度合成画面

　　要将多个视频画面合成一个画面，可以使一个或多个视频画面的一部分变得透明，而其他视频画面则透过透明部分显示出来，具体操作方法如下。

步骤 01 打开"素材文件\项目三\剪辑01.prproj"项目文件，在"节目"面板中预览"视频6"和"视频7"剪辑。其中，"视频6"剪辑为弹古琴的画面（见图3-38），"视频7"剪辑为山水风光画面，如图3-39所示。

图 3-38 预览"视频 6"剪辑

图 3-39 预览"视频 7"剪辑

步骤 02 将"视频7"剪辑移至V2轨道上,将其置于"视频6"剪辑的上方。展开V2轨道,在"视频7"剪辑上向下拖动不透明度控制柄调整不透明度,使视频剪辑变得半透明,如图3-40所示。

步骤 03 在"节目"面板中预览"视频6"和"视频7"两个画面的合成效果,如图3-41所示。

图3-40 调整剪辑不透明度

图3-41 预览画面合成效果

活动二 使用混合模式合成画面

使用混合模式可以让前景像素(指上层轨道剪辑中的像素)和背景像素(指下层轨道剪辑中的像素)相互作用,只显示前景中比背景亮的像素,或者只把颜色信息从前景剪辑应用到背景剪辑中。使用混合模式合成画面的具体操作方法如下。

步骤 01 在序列中选中"视频7"剪辑,在"效果控件"面板的"不透明度"效果中的"混合模式"下拉列表框中选择所需的混合模式,在此选择"叠加"混合模式,如图3-42所示。

步骤 02 此时,即可在"节目"面板中预览画面合成效果,如图3-43所示。

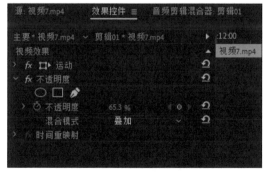

图3-42 选择"叠加"混合模式

图3-43 预览画面合成效果

活动三 使用蒙版合成画面

使用蒙版可以定义剪辑中要显示的特定区域,如定义画面中要显示的图像、定义各种视频效果要应用的区域等。视频剪辑人员可以创建和修改各种形状的蒙版,也可以使用钢笔工具绘制蒙版路径。使用蒙版合成画面的具体操作方法如下。

步骤 01 打开"素材文件\项目三\剪辑02.prproj"项目文件,在"节目"面板中预览"视频7"剪辑,如图3-44所示。

步骤 02 在"时间轴"面板中将"视频7"剪辑复制到V2轨道上,如图3-45所示。

图 3-44 预览"视频 7"剪辑

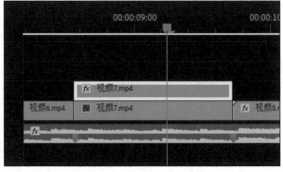

图 3-45 复制视频剪辑

步骤 03 在"效果控件"面板的"不透明度"效果中设置"不透明度"参数为30.0%，然后在"运动"效果中调整"缩放"和"位置"参数，如图3-46所示。

步骤 04 在"节目"面板中预览画面效果，可以看到在人物前面出现一个较大的画面投影，如图3-47所示。

图 3-46 设置"不透明度"和"运动"效果

图 3-47 预览画面效果

步骤 05 在"不透明度"效果中单击"钢笔工具"按钮 创建蒙版，然后选中"蒙版（1）"，如图3-48所示。

步骤 06 双击"节目"面板标题栏，使面板最大化。选择合适的画面显示比例，然后使用钢笔工具绘制蒙版路径框住人物，即可使投影中只显示人物，如图3-49所示。

图 3-48 创建蒙版

图 3-49 绘制蒙版路径

步骤 07 在"蒙版（1）"中启用"蒙版路径"动画，然后选择"蒙版（1）"，如图3-50所示。

步骤 08 在"节目"面板中向前或向后滚动鼠标滚轮，使画面前进或后退一帧，然后调整蒙版路径，使蒙版始终框住人物，如图3-51所示。采用同样的方法，逐帧调整蒙版路径。

图 3-50 启用"蒙版路径"动画

图 3-51 调整蒙版路径

步骤 09 在"效果控件"面板中可以看到调整蒙版路径后自动添加的关键帧。根据需要调整"蒙版羽化"和"蒙版扩展"参数，使画面进一步与底层画面融合，如图3-52所示。

步骤 10 在"节目"面板中预览视频效果，如图3-53所示。

图 3-52 调整蒙版参数

图 3-53 预览视频效果

↘ 活动四 使用超级键抠像

视频抠像技术是通过吸取画面中的某种颜色作为透明色，将其从画面中抠去，从而使视频背景变得透明。常用的视频背景有绿幕背景和蓝幕背景，所以前景物体上尽量不要带有所选视频背景的颜色。

在 Premiere 中可以使用"超级键"效果对绿幕或蓝幕视频素材进行快速抠像处理，具体操作方法如下。

步骤 01 在"源"面板中预览"绿幕素材"视频，可以看到是3只鹰盘旋的视频素材，如图3-54所示。

步骤 02 将"绿幕素材"视频添加到序列中，并将其移至"视频3"剪辑的上方，如图3-55所示。

图 3-54 预览"绿幕素材"视频

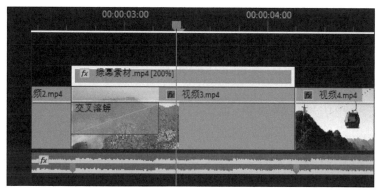

图 3-55 添加"绿幕素材"视频

步骤 **03** 在"效果控件"面板的"超级键"效果中单击"吸管工具"按钮，为"绿幕素材"视频添加"超级键"效果，如图3-56所示。

步骤 **04** 在"节目"面板中在"绿幕素材"视频的背景上单击，即可进行绿幕抠像，如图3-57所示。

图 3-56　单击"吸管工具"按钮　　　　图 3-57　在"绿幕素材"视频的背景上单击

步骤 **05** 在"节目"面板中将画面缩放级别设置为100%，预览抠像效果，如图3-58所示。

步骤 **06** 在"超级键"效果中设置"遮罩生成"选项下的"透明度""高光""阴影""容差""基值"等参数，调整抠像效果，如图3-59所示。

 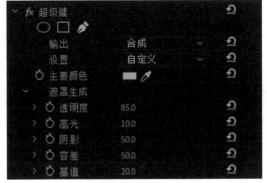

图 3-58　预览抠像效果　　　　图 3-59　设置"超级键"效果

任务四　制作创意剪辑效果

在短视频剪辑过程中，除了常规的素材拼接外，有时还需要根据场景进行一些创意性剪辑，通过添加视频效果或组合多种素材，使短视频呈现出不同的风格。

工作经验丰富的同事小赵告诉小艾，使用Premiere剪辑视频时需要充分开动脑筋，想出创意。确如小赵所说，小艾在工作过程中看到，很多绝妙的画面效果都是小赵先想出创意，再利用Premiere制作出来的，这也增加了小艾深入学习Premiere剪辑技术的动力。

↘ 活动一　制作音乐自动踩点效果

在制作音乐踩点视频时，当要剪辑的视频素材过多时，若逐个手动剪辑视频会很麻烦，这时可以使用"自动匹配序列"功能一键完成音乐踩点视频剪辑，具体操作方法如下。

步骤 **01** 打开"素材文件\项目三\音乐自动踩点.prproj"项目文件，新建序列并设置序列参数，如图3-60所示，然后单击"确定"按钮。

步骤 02 在"项目"面板中双击"音乐"剪辑，在"源"面板中预览音频剪辑，按空格键播放音乐，在音乐节奏位置按【M】键快速添加标记，然后根据需要微调标记，使其对齐音乐节奏位置，如图3-61所示。

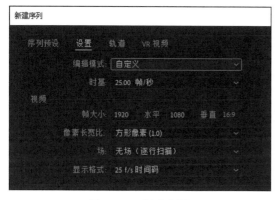

图 3-60　新建序列

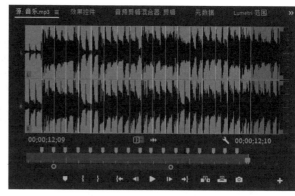

图 3-61　添加音频标记

步骤 03 将音频添加到序列的A1轨道上，然后将播放滑块移至最左侧，单击"添加标记"按钮，在序列中添加标记，如图3-62所示。

步骤 04 在1秒24帧位置添加第2个标记，然后按住【Shift】键的同时将播放滑块拖至音频标记位置，在"节目"面板中单击"添加标记"按钮，在序列中添加相应的标记，如图3-63所示。

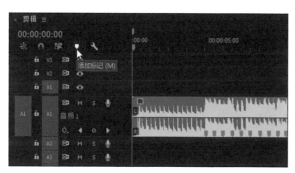

图 3-62　单击"添加标记"按钮

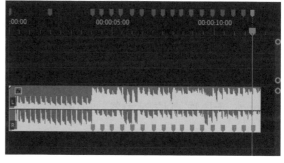

图 3-63　在序列中添加标记

步骤 05 在"源"面板中打开"视频1"素材，标记入点，如图3-64所示。采用同样的方法，标记其他视频素材的入点。

步骤 06 在"时间轴"面板中将播放滑块移至最左侧，在"项目"面板中选中"视频1"素材，然后按住【Shift】键的同时单击"视频18"素材，选中全部视频素材，并将选中的素材拖至"自动匹配序列"按钮上，如图3-65所示。

步骤 07 弹出"序列自动化"对话框，在"顺序"下拉列表框中选择"选择顺序"选项，在"放置"下拉列表框中选择"在未编号标记"选项，在"方法"下拉列表框中选择"覆盖编辑"选项，选中"使用入点/出点范围"单选按钮，在对话框下方选中"忽略音频"复选框，然后单击"确定"按钮，如图3-66所示。

步骤 08 此时，即可将视频剪辑自动添加到序列的标记位置，在"时间轴"面板中调整各视频剪辑的长度，填充剪辑之间的间隙，如图3-67所示。

图 3-64　标记入点

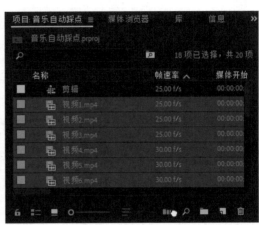

图 3-65　将素材拖至"自动匹配序列"按钮上

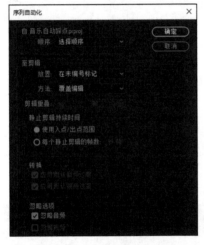

图 3-66　设置序列自动化

图 3-67　自动添加视频剪辑

↘ 活动二　制作画面抖动效果

下面在音乐踩点位置为各视频剪辑制作画面抖动效果，以增加画面动感，具体操作方法如下。

步骤 ❶ 在序列中选中"视频3"剪辑，为其添加"变换"效果。在"效果控件"面板中启用"变换"效果中的"缩放"动画，添加两个关键帧，设置缩放参数分别为100.0、120.0，然后调整关键帧贝塞尔曲线，制作剪辑放大动画，如图3-68所示。

步骤 ❷ 设置"快门角度"参数为360.00，如图3-69所示。

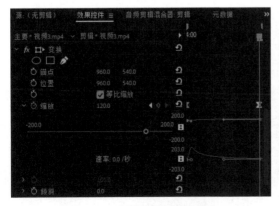

图 3-68　制作剪辑放大动画

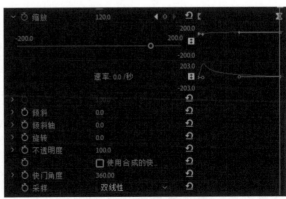

图 3-69　设置"快门角度"参数

步骤 03 用鼠标右键单击"变换"效果，选择"重命名"命令，在弹出的对话框中输入新名称"放大"，然后单击"确定"按钮，如图3-70所示。

步骤 04 在序列中选中"视频4"剪辑，为其添加"变换"效果。采用同样的方法，在"效果控件"面板中编辑"缩放"动画，制作剪辑缩小动画，然后将该效果重命名为"缩小"，如图3-71所示。根据需要将"变换（放大）"或"变换（缩小）"效果复制到其他视频剪辑中。

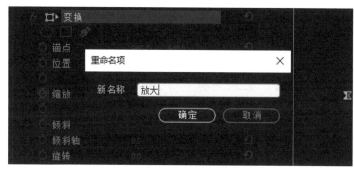

图 3-70　重命名效果

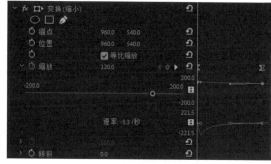

图 3-71　制作剪辑缩小动画

步骤 05 为"视频7"添加"变换"效果，启用"位置"动画，添加4个关键帧，设置y坐标参数分别为700.0、400.0、660.0、540.0，设置"缩放"参数为130.0，"快门角度"参数为360.00，即可制作画面向上抖动效果，如图3-72所示。

步骤 06 展开"位置"属性，调整关键帧贝塞尔曲线，如图3-73所示。

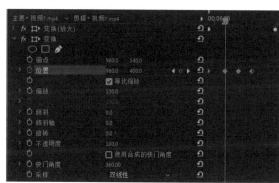

图 3-72　设置"变换"效果

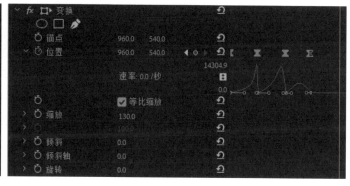

图 3-73　调整关键帧贝塞尔曲线

步骤 07 在"变换"效果中启用"旋转"动画，添加4个关键帧，设置"旋转"参数分别为0.0°、3.0°、-3.0°、0.0°，然后为关键帧设置连续贝塞尔曲线，如图3-74所示。

步骤 08 为"视频7"剪辑添加"高斯模糊"效果，并将该效果移至"变换"效果上方。启用"模糊度"动画，添加2个关键帧，设置"模糊度"参数分别为180.0、0.0，在"模糊尺寸"下拉列表框中选择"垂直"选项，并选中"重复边缘像素"复选框，如图3-75所示。

图 3-74　编辑"旋转"动画

图 3-75　设置"高斯模糊"动画效果

步骤 09 在"节目"面板中预览视频剪辑向上抖动动画效果，如图3-76所示。

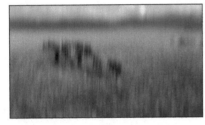

图 3-76　预览视频剪辑向上抖动动画效果

步骤 10 在序列中选中"视频8"剪辑，将前面制作的"变换（缩小）"效果复制到该视频剪辑中，然后依次添加"高斯模糊"和"变换"效果。采用同样的方法编辑"模糊度""位置"和"旋转"动画，制作视频剪辑向下抖动动画效果，如图3-77所示。

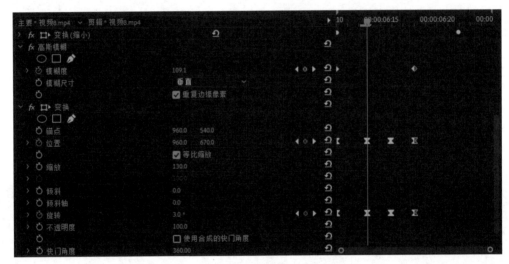

图 3-77　制作向下抖动动画效果

步骤 11 在"节目"面板中预览视频剪辑向下抖动动画效果，如图3-78所示。

图 3-78　预览向下抖动动画效果

↘ 活动三　制作画面弹出效果

下面将介绍如何制作画面弹出效果，使剪辑画面突然弹出具有透明效果的放大画面，具体操作方法如下。

步骤 01 打开"素材文件\项目三\剪辑01.prproj"项目文件，新建调整图层，并将其添加到"视频2"剪辑的上方，如图3-79所示。

步骤 02 为调整图层添加"变换"效果，设置锚点位置为800.0、540.0，然后设置"位置"属性为同样的参数，如图3-80所示。

图 3-79 添加调整图层

图 3-80 设置"锚点"和"位置"参数

步骤 03 在"节目"面板中可以看到锚点位置已经移至杯子的"桂林"文字上,如图3-81所示。

步骤 04 在"变换"效果中启用"缩放"动画,添加3个关键帧,设置"缩放"参数分别为 100.0、200.0、100.0,然后调整关键帧贝塞尔曲线,如图3-82所示。

图 3-81 查看锚点位置

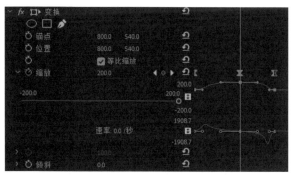

图 3-82 编辑"缩放"动画

步骤 05 在"不透明度"效果中添加3个关键帧,设置"不透明度"参数分别为0.0%、 100.0%、0.0%,然后调整关键帧贝塞尔曲线,在"混合模式"下拉列表框中选择"滤色"选 项,如图3-83所示。

步骤 06 在"不透明度"效果中单击"创建椭圆形蒙版"按钮◎,然后在"节目"面板中调 整椭圆形蒙版,使蒙版框住"桂林"二字,然后拖动圆形手柄调整蒙版羽化,使画面上只有 "桂林"二字向外放大弹出,如图3-84所示。

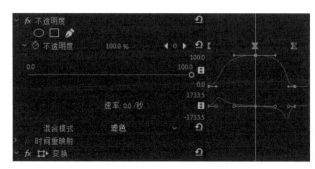

图 3-83 编辑"不透明度"动画

图 3-84 编辑蒙版

↘ 活动四 制作画面分割渐显效果

下面将介绍如何制作画面分割渐显效果,先将剪辑画面分割为几等份,然后使其逐个渐 显,具体操作方法如下。

步骤 01 在"时间轴"面板中将"视频11"剪辑移至V2轨道上,使其开头和结尾部分与V1 轨道上的剪辑有重叠,如图3-85所示。

步骤 02 为"视频11"剪辑添加"裁剪"效果，在"效果控件"面板中设置"右侧"参数为80.0%，如图3-86所示。

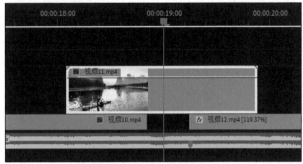

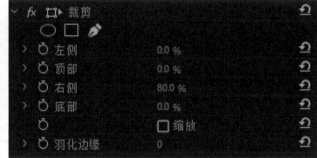

图 3-85　移动视频剪辑　　　　　　　　　　　　　图 3-86　设置"右侧"参数

步骤 03 在"节目"面板中预览画面效果，可以看到仅显示视频剪辑最左侧的1/5画面，如图3-87所示。

步骤 04 按住【Alt】键的同时向上拖动"视频11"剪辑，将其向上复制4个视频剪辑，然后选中V3轨道上的"视频11"剪辑，如图3-88所示。

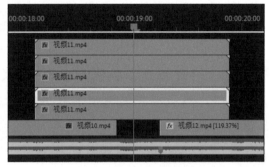

图 3-87　预览画面效果　　　　　　　　　　　　　图 3-88　复制视频剪辑

步骤 05 在"裁剪"效果中设置"左侧"参数为20.0%，"右侧"参数为60.0%，如图3-89所示。

步骤 06 在"节目"面板中预览此时的画面效果，如图3-90所示。

图 3-89　设置"裁剪"效果　　　　　　　　　　　　图 3-90　预览画面效果

步骤 07 选中V4轨道上的"视频11"剪辑，在"裁剪"效果中设置"左侧"参数为40.0%，"右侧"参数为40.0%，如图3-91所示。

步骤 08 在"节目"面板中预览此时的画面效果，如图3-92所示。

图 3-91 设置"裁剪"效果

图 3-92 预览画面效果

步骤 09 选中V5轨道上的"视频11"剪辑，在"裁剪"效果中设置"左侧"参数为60.0%，"右侧"参数为20.0%，如图3-93所示。

步骤 10 在"节目"面板中预览此时的画面效果，如图3-94所示。

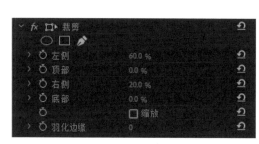
图 3-93 设置"裁剪"效果

图 3-94 预览画面效果

步骤 11 选中V6轨道上的"视频11"剪辑，在"裁剪"效果中设置"左侧"参数为80.0%，"右侧"参数为0.0%，如图3-95所示。

步骤 12 在"节目"面板中预览此时的画面效果，如图3-96所示。此时的5个"视频11"剪辑中，每个剪辑只显示相应的1/5画面。为了便于描述，将5个视频剪辑从低到高依次编号为1、2、3、4、5，下面使这5个剪辑按照1-4-2-5-3的顺序逐个渐显。

图 3-95 设置"裁剪"效果

图 3-96 预览画面效果

步骤 13 选中第1个视频剪辑，在"效果控件"面板的"不透明度"效果中第1帧添加关键帧，然后向右移动5帧添加第2个关键帧。将播放滑块移至第1个关键帧位置，设置"不透明度"参数为0.0%，制作第1个视频剪辑渐显动画，如图3-97所示。将不透明度关键帧复制到其他4个视频剪辑上。

步骤 14 选中第4个视频剪辑，在"效果控件"面板中按两次【→】键将播放滑块向右移动2帧，然后选中两个不透明度关键帧并向右拖动，使第1个关键帧移至播放滑块的位置，这样即可使第4个视频剪辑延迟2帧渐显，如图3-98所示。按照1-4-2-5-3的渐显顺序逐个调整其他视频剪辑不透明度关键帧的位置，使其依次延迟2帧渐显。

图 3-97　编辑"不透明度"动画

图 3-98　调整关键帧位置

步骤 15 在"节目"面板中预览画面分割渐显效果，如图3-99所示。采用同样的方法，在"视频11"剪辑的结束位置制作画面分割渐隐效果。

图 3-99　预览画面分割渐显效果

📖 素养小课堂

　　"绿水青山就是金山银山"是关乎文明兴衰、人民福祉的重要发展理念，顺应了人民追求美好生活的愿望，有利于解决人与自然和谐共生的问题，是走向生态文明新时代的思想指引。我们要牢固树立社会主义生态文明观，践行这个理念，将观念转化为行动，将共识转化为合力。

↘ 活动五　制作画面水墨晕染渐显效果

　　下面利用"轨道遮罩键"效果制作画面水墨晕染渐显效果，具体操作方法如下。

步骤 01 在要开始水墨晕染渐显的位置对"视频12"剪辑进行分割，然后选中右侧的"视频12"剪辑，如图3-100所示。

步骤 02 按【Alt+↑】组合键将"视频12"剪辑移至V2轨道上，将"视频13"剪辑向左移动填充V1轨道的间隙，然后在V3轨道上添加"水墨素材"视频剪辑，如图3-101所示。

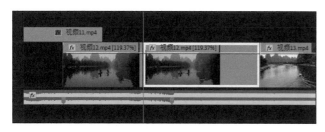

图 3-100 分割剪辑

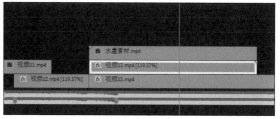

图 3-101 添加"水墨素材"视频剪辑

步骤 03 为V2轨道上的"视频12"剪辑添加"轨道遮罩键"效果，在"效果控件"面板中设置"合成方式"为"亮度遮罩"，"遮罩"为"视频3"，如图3-102所示。

步骤 04 在序列中选中"水墨素材"视频剪辑，在"效果控件"面板中编辑"不透明度"动画，使其渐隐，如图3-103所示。

图 3-102 设置"轨道遮罩键"效果

图 3-103 编辑"不透明度"动画

步骤 05 在"节目"面板中预览"视频13"剪辑水墨晕染渐显效果，如图3-104所示。

图 3-104 预览水墨晕染渐显效果

↘ 活动六 制作运动无缝转场效果

运动无缝转场是短视频中常见的转场方式之一，其制作原理是运用蒙版功能将穿过整个画面的物体边缘作为下一个画面出现的起始点，并逐渐显现下一个画面。在 Premiere 中制作运动无缝转场效果的具体操作方法如下。

步骤 01 打开"素材文件\项目三\剪辑02.prproj"项目文件，在"节目"面板中预览"视频5"剪辑，视频内容为在缆车移动过程中透过玻璃拍摄的外面的风景，画面中有电线杆从左到右划过，如图3-105所示。

步骤 02 对"视频5"剪辑进行分割，将右侧的视频剪辑移至"视频6"剪辑开始位置的上方，如图3-106所示。

步骤 03 将V2轨道上的"视频5"剪辑创建为嵌套序列，然后将播放滑块移至电线杆刚进入画面的位置，如图3-107所示。

步骤 04 在"节目"面板中预览画面效果，如图3-108所示。

图 3-105　预览视频剪辑

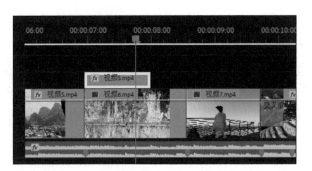

图 3-106　分割并移动剪辑

图 3-107　移动播放滑块的位置

图 3-108　预览画面效果

步骤 05 打开"效果控件"面板，在"不透明度"效果中单击"钢笔工具"按钮 创建蒙版，选中"已反转"复选框，启用"蒙版路径"动画，然后选中"蒙版（1）"选项，如图3-109所示。

步骤 06 双击"节目"面板标题栏，使面板最大化。选择合适的画面显示比例，使用钢笔工具绘制蒙版路径，如图3-110所示。

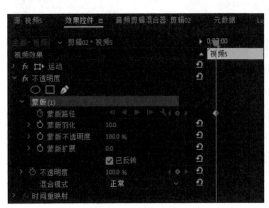

图 3-109　启用"蒙版路径"动画

图 3-110　绘制蒙版路径

步骤 07 在"节目"面板中向下滚动鼠标滚轮前进一帧，然后使用钢笔工具调整蒙版路径，此时可以在蒙版中看到"视频6"剪辑画面，然后继续前进一帧并调整蒙版路径，直至电线杆完全移出画面，即可完成遮罩转场的编辑，如图3-111所示。

步骤 08 此时在"效果控件"面板中可以看到自动添加的"蒙版路径"关键帧，根据需要调整"蒙版羽化"和"蒙版扩展"参数，在此调整"蒙版羽化"参数为18.0，如图3-112所示。

步骤 09 在"节目"面板中预览遮罩无缝转场效果，如图3-113所示。

图 3-111 逐帧调整蒙版路径

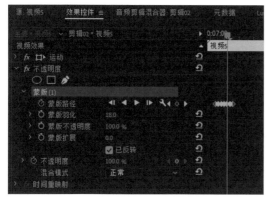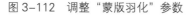

图 3-112 调整"蒙版羽化"参数

图 3-113 预览遮罩无缝转场效果

↘ 活动七 制作画面拍照定格效果

下面将视频剪辑中的某帧画面定格为照片，并为照片制作相机拍照动画效果，具体操作方法如下。

步骤 01 在"时间轴"面板中将播放滑块移至要定格为照片的位置，如图3-114所示。

步骤 02 在"节目"面板中预览此时的画面效果，在面板下方单击"导出帧"按钮◙，如图3-115所示。

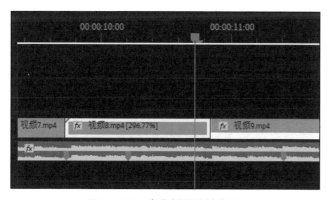

图 3-114 定位播放滑块位置

图 3-115 单击"导出帧"按钮

步骤 03 弹出"导出帧"对话框，输入名称，单击"浏览"按钮，选择图片保存位置，选中"导入到项目中"复选框，然后单击"确定"按钮，如图3-116所示。

步骤 04 将保存的图片从"项目"面板添加到序列中，并将其移至V3轨道上，如图3-117所示。

步骤 05 在"效果控件"面板中设置图片素材的"缩放"参数为75.0，如图3-118所示。

步骤 06 在"项目"面板中创建白色的颜色遮罩，并将其添加到V2轨道上，如图3-119所示。

图 3-116　设置导出帧

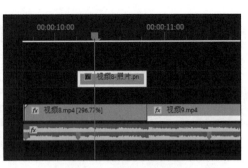

图 3-117　添加图片素材

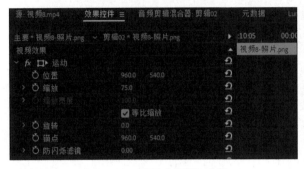

图 3-118　设置"缩放"参数

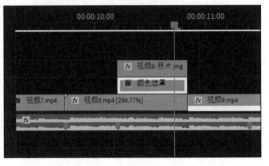

图 3-119　添加颜色遮罩

步骤 **07** 在"效果控件"面板中设置颜色遮罩的"缩放"参数为80.0，在"节目"面板中预览此时的画面效果，可以看到照片的白色边框大小不一致，其中左右两个边框稍大一些，如图3-120所示。

步骤 **08** 为颜色遮罩添加"裁剪"效果，在"效果控件"面板中设置"左侧"参数为1.5%，"右侧"参数为1.5%，如图3-121所示。

图 3-120　预览画面效果

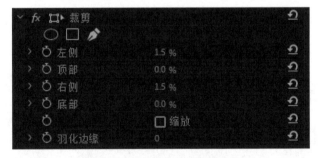

图 3-121　设置"裁剪"效果

步骤 **09** 在"节目"面板中预览此时的画面效果，可以看到照片的白色边框大小基本一致，如图3-122所示。

步骤 **10** 在"时间轴"面板中选中图片素材和颜色遮罩，然后用鼠标右键单击所选剪辑，选择"嵌套"命令，在弹出的对话框中输入嵌套序列名称"照片1"，单击"确定"按钮，如图3-123所示。

步骤 **11** 将"照片1"剪辑移至V3轨道上，创建调整图层并将其添加到V2轨道上，如图3-124所示。

步骤 **12** 为调整图层添加"高斯模糊"效果，在"效果控件"面板中启用"模糊度"动画，添加两个关键帧，设置"模糊度"参数分别为0.0、50.0，选中"重复边缘像素"复选框，如图3-125所示。

图 3-122　预览画面效果

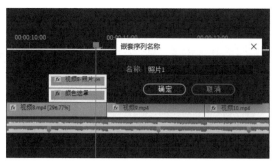

图 3-123　创建嵌套序列

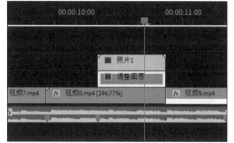

图 3-124　添加调整图层

图 3-125　设置"高斯模糊"动画效果

步骤 ⑬ 在"节目"面板中预览此时的画面效果，可以看到照片背景视频逐渐变模糊，如图3-126所示。

步骤 ⑭ 选中"照片1"剪辑，在"效果控件"面板中设置"旋转"参数为-3.0°。添加"径向阴影"效果，设置"不透明度""光源""投影距离""柔和度"等参数，如图3-127所示。

图 3-126　预览画面效果

图 3-127　设置"径向阴影"效果

步骤 ⑮ 在"节目"面板中预览此时的画面效果，可以看到照片角度得到调整，且出现了阴影，如图3-128所示。

步骤 ⑯ 在"效果控件"面板中启用"位置"动画，添加两个关键帧，设置第1个关键帧"位置"参数为960.0、2000.0，然后调整关键帧贝塞尔曲线。启用"旋转"动画，添加两个关键帧，设置第1个关键帧"旋转"参数为90.0°，然后调整关键帧贝塞尔曲线，如图3-129所示。

步骤 ⑰ 此时即可为照片的入场制作位置和旋转动画，在"节目"面板中预览照片动画效果，如图3-130所示。

图3-128　预览画面效果

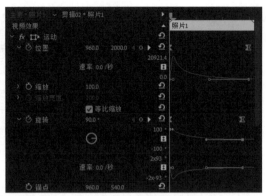

图3-129　编辑"位置"和"旋转"动画

图3-130　预览照片动画效果

步骤18 将"拍照声"音效素材添加到A2轨道上，并将其移至合适的位置。在V4轨道上添加调整图层，如图3-131所示。

步骤19 为调整图层添加"亮度与对比度"效果，设置"对比度"参数为-20.0。启用"亮度"动画，添加3个关键帧，设置"亮度"参数分别为0.0、100.0、0.0，然后调整关键帧贝塞尔曲线，即可制作相机拍照闪光动画，如图3-132所示。

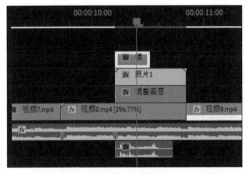

图3-131　添加调整图层

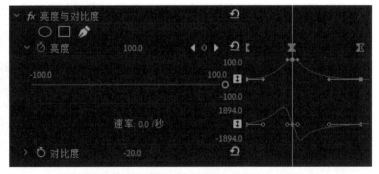

图3-132　设置"亮度与对比度"动画效果

↘ 活动八　制作镜头光晕效果

下面将介绍如何为画面添加镜头光晕效果，具体操作方法如下。

步骤01 将调整图层添加到V2轨道上，并将其移至"视频17"剪辑的上方，如图3-133所示。

步骤02 为调整图层添加"镜头光晕"效果，在"效果控件"面板中选中"镜头光晕"效果，如图3-134所示。

步骤03 在"节目"面板中预览此时的画面效果，如图3-135所示。

步骤04 拖动镜头光晕中心的锚点，将其移至画面左上方，如图3-136所示。

图 3-133 添加调整图层

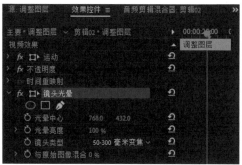

图 3-134 选中"镜头光晕"效果

图 3-135 预览画面效果

图 3-136 移动镜头光晕中心

步骤 05 在"镜头光晕"效果中启用"光晕中心"动画，添加两个关键帧，根据需要分别调整两个关键帧的"光晕中心"参数，使画面中的光晕发生变化。启用"光晕亮度"动画，添加两个关键帧，设置"光晕亮度"参数分别为50%、120%，"与原始图像混合"参数为15%，如图3-137所示。

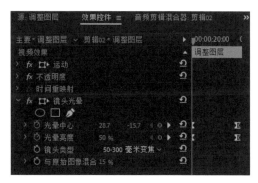

图 3-137 设置"镜头光晕"动画效果

步骤 06 在"节目"面板中预览镜头光晕效果，如图3-138所示。

图 3-138 预览镜头光晕效果

同步实训

实训内容

为"美德汽服宣传片"短视频添加与编辑字幕。

实训描述

打开"素材文件\项目三\同步实训\美德汽服宣传片.prproj"项目文件，在"时间轴"面板中打开序列，为短视频制作各种视频效果，使短视频更具节奏感。

操作指南

1. 使用关键帧制作动画

序列中的视频剪辑已经粗剪完成，使用关键帧为视频剪辑制作运动动画和不透明度动画，根据背景音乐节奏使用时间重映射对视频剪辑进行变速处理。

2. 添加与编辑视频效果

为视频剪辑添加所需的视频效果，并使用关键帧控制视频效果随时间变化。

3. 合成视频画面

使用不透明度、混合模式、蒙版等进行多画面的合成。

4. 制作创意剪辑效果

根据需要在短视频中制作创意剪辑效果，如画面抖动、画面弹出、画面分割渐显、运动无缝转场、画面拍照定格等效果。

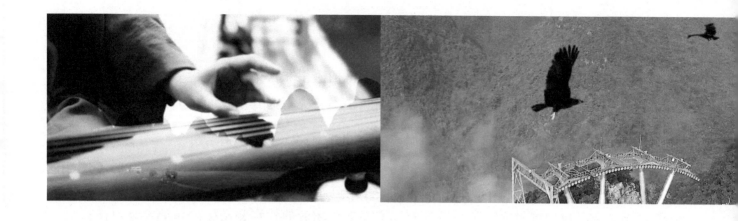

项目四
制作转场特效

职场情境

　　经过学习和实践，小艾对短视频的制作和剪辑有了更深入的了解，在使用 Premiere 时也更加熟练。她了解到，在短视频后期制作中，为了使视频画面的切换不显得生硬，需要在剪辑的衔接位置制作转场特效。视频剪辑人员可以利用转场特效来改变画面视角，推进故事情节发展，同时避免镜头间的跳动。在制作转场特效时，Premiere 可以提供强大的功能支持。

学习目标

= 知识目标 =

1. 掌握添加内置转场效果的方法。
2. 掌握制作创意转场效果的方法。

= 技能目标 =

1. 学会添加并设置 Premiere 过渡效果。
2. 学会制作快速翻页转场、开幕转场、位移转场等创意转场效果。

= 素养目标 =

1. 在短视频作品中唱响时代强音，传递奋进力量，不怕困难，勇往直前。
2. 在短视频创作中摒弃固化思维，不断增强创意性思维，并付诸实践。

任务一 添加内置转场效果

在视频剪辑过程中，小艾发现尽管视频素材拍摄得非常精美，但很多画面在切换时显得很生硬，导致短视频整体效果大打折扣。因此，小艾决定为一些画面添加视频过渡效果，让视频画面在转换时更加流畅、自然。

↘ 活动一 在视频剪辑单侧添加过渡效果

利用 Premiere "效果"面板中提供的"视频过渡"效果可以把序列中相邻的剪辑自然地衔接起来，导致现场景之间的平滑过渡。下面将介绍如何在视频剪辑的单侧添加过渡效果，具体操作方法如下。

步骤 01 打开"素材文件\项目四\奔跑吧少年.prproj"项目文件，打开"效果"面板，展开"视频过渡" | "溶解"效果组，选择"交叉溶解"过渡效果，如图4-1所示。

步骤 02 将"交叉溶解"过渡效果拖至最后一个视频剪辑的末尾，此时将高亮显示要添加过渡效果的位置，松开鼠标即可在视频剪辑的末尾添加"交叉溶解"过渡效果，如图4-2所示。

步骤 03 将鼠标指针置于过渡效果的边缘位置，当指针变为▦样式时左右拖动即可调整过渡效果的持续时间，如图4-3所示。

  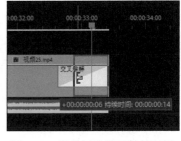

图4-1 选择"交叉溶解"效果　　图4-2 添加"交叉溶解"效果　　图4-3 调整过渡效果持续时间

步骤 04 双击过渡效果，弹出"设置过渡持续时间"对话框，设置"持续时间"为1秒，然后单击"确定"按钮，如图4-4所示。

步骤 05 在序列中将"视频11"剪辑复制到V2轨道上，并向右调整视频剪辑的出点，使其覆盖V1轨道上"视频12"剪辑的开始部分，如图4-5所示。

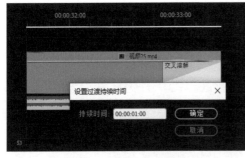 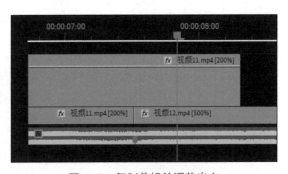

图4-4 设置过渡持续时间　　　　　　图4-5 复制剪辑并调整出点

06 在"视频过渡"效果"划像"组中选择"圆划像"过渡效果，将其添加到"视频11"剪辑的末尾，如图4-6所示。

07 拖动播放滑块，在"节目"面板中预览"圆划像"过渡效果，如图4-7所示。

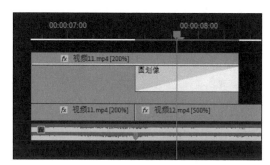

图4-6 添加"圆划像"过渡效果

图4-7 预览"圆划像"过渡效果

活动二 在视频剪辑之间添加过渡效果

下面将介绍如何在视频剪辑之间添加过渡效果，具体操作方法如下。

01 在"视频过渡"效果"擦除"组中选择"带状擦除"过渡效果，将其拖至"视频1"和"视频2"剪辑之间。在拖动效果时，效果会自动对齐到以下3个位置之一：第1个视频剪辑的末尾、第2个视频剪辑的开头、第1个和第2个视频剪辑的中间位置。在此对齐到两个视频剪辑的中间位置，然后松开鼠标，如图4-8所示。

02 拖动播放滑块，在"节目"面板中预览"带状擦除"过渡效果，如图4-9所示。

图4-8 添加"带状擦除"过渡效果

图4-9 预览"带状擦除"过渡效果

活动三 设置过渡效果参数

在 Premiere 中有些过渡效果还提供了丰富的控制选项，如方向、颜色、边框宽度等。设置过渡效果参数的具体操作方法如下。

01 在序列中选中"视频1"和"视频2"剪辑之间的"带状擦除"过渡效果，打开"效果控件"面板，单击效果缩览图上的方向控件，将效果方向更改为"自东南向西北"，如图4-10所示。

02 选中"显示实际源"复选框，此时会显示剪辑中的帧，拖动"开始"或"结束"滑块可以调整过渡的开始或结束位置，也可以预览过渡效果，如图4-11所示。

03 设置"边框宽度"为2.0，设置"边框颜色"为白色，在"消除锯齿品质"下拉列表框中选择"高"选项，如图4-12所示。

步骤 04 单击"自定义"按钮，在弹出的"带状擦除设置"对话框中设置"带数量"为2，然后单击"确定"按钮，如图4-13所示。

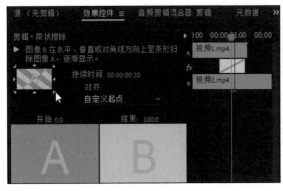

图 4-10　设置效果方向

图 4-11　显示实际源并预览过渡效果

图 4-12　设置过渡效果参数

图 4-13　设置"带数量"参数

步骤 05 在序列中拖动播放滑块，预览设置参数后的"带状擦除"过渡效果，如图4-14所示。

图 4-14　预览"带状擦除"过渡效果

步骤 06 将"视频过渡"效果"擦除"组中的"渐变擦除"过渡效果拖至"时间轴"面板的"带状擦除"过渡效果上，即可替换该过渡效果，如图4-15所示。

步骤 07 弹出"渐变擦除设置"对话框，单击"选择图像"按钮，如图4-16所示。

步骤 08 在弹出的对话框中选择所需的渐变图像，图像的宽高比例应与序列的宽高比例一致，单击"打开"按钮，如图4-17所示，然后在"渐变擦除设置"对话框中单击"确定"按钮。

步骤 09 在序列中拖动播放滑块，预览"渐变擦除"过渡效果，如图4-18所示。

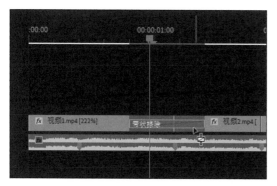

图 4-15 替换过渡效果

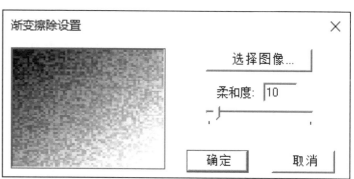

图 4-16 单击"选择图像"按钮

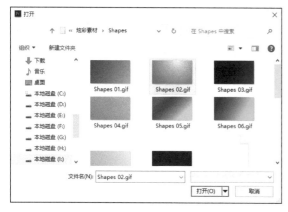

图 4-17 选择渐变图像

图 4-18 预览"渐变擦除"过渡效果

10 在序列中选中"渐变擦除"过渡效果，打开"效果控件"面板，选中"反向"复选框，单击"自定义"按钮，在弹出的对话框中调整"柔和度"为40，然后单击"确定"按钮，如图4-19所示。

11 在序列中拖动播放滑块，预览设置参数后的"渐变擦除"过渡效果，如图4-20所示。

图 4-19 设置过渡效果参数

图 4-20 预览"渐变擦除"过渡效果

↘ 活动四 处理长度不足的过渡效果

在剪辑之间添加过渡效果时，过渡效果会在转出和转入剪辑之间自动创建一个重叠区域。如果剪辑的头帧或尾帧没有多余的帧用于过渡，则需要对该剪辑的剪辑点进行调整，具

81

体操作方法如下。

步骤 **01** 在序列中对"视频19"剪辑进行变速调整，如图4-21所示。

步骤 **02** 为"视频19"剪辑创建嵌套序列，然后将"交叉溶解"过渡效果拖至"视频18"和"视频19"剪辑之间，可以看到"视频19"剪辑的左上角有一个三角形图标，表示这里已是剪辑的边界，左侧没有多余的帧用于过渡。此时过渡效果只能添加到剪辑点的右侧，如图4-22所示。

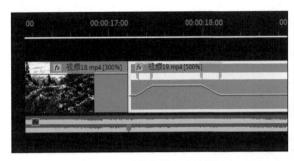

图 4-21 对剪辑进行变速调整

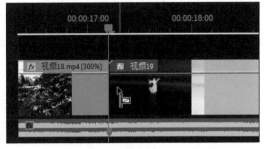

图 4-22 添加"交叉溶解"过渡效果

步骤 **03** 打开"效果控件"面板，在"对齐"下拉列表框中选择"中心切入"选项，可以看到过渡条上出现斜线警示标记，表示使用"视频19"剪辑第1帧的冻结帧来增加视频剪辑的持续时间用于过渡，如图4-23所示。

步骤 **04** 在序列中双击"视频19"嵌套序列将其打开，向右适当调整视频剪辑的出点，以增加嵌套序列的长度，如图4-24所示。

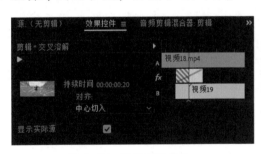

图 4-23 选择对齐位置

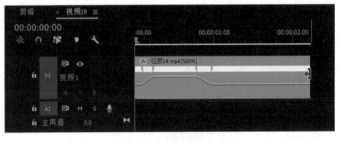

图 4-24 调整剪辑出点

步骤 **05** 返回主序列，按【Y】键调用"外滑工具" ，将鼠标指针置于"视频19"剪辑上，按住鼠标左键并向左拖动，将视频内容向左移动10帧，使剪辑入点不再是视频剪辑的边界，如图4-25所示。

步骤 **06** 此时在过渡效果中可以看到斜线警示标记已消失，如图4-26所示。

图 4-25 使用外滑工具调整剪辑

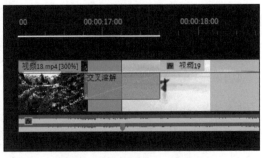

图 4-26 斜线警示标记消失

↘ 活动五 在多个视频剪辑之间同时添加过渡效果

在剪辑视频时，有时需要在多个视频剪辑之间添加同样的过渡效果，逐个添加会比较费时，在 Premiere 中可以设置将过渡效果添加到一组视频剪辑上，具体操作方法如下。

01 打开"效果"面板，展开"视频过渡"｜"溶解"效果组，用鼠标右键单击"交叉溶解"效果，选择"将所选过渡设置为默认过渡"命令，如图4-27所示。

02 在菜单栏中单击"编辑"｜"首选项"｜"时间轴"命令，在弹出的"首选项"对话框中设置"视频过渡默认持续时间"为15帧，然后单击"确定"按钮，如图4-28所示。

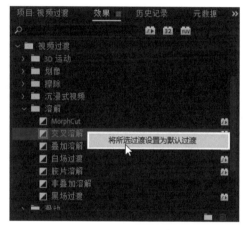

图 4-27 设置默认过渡效果

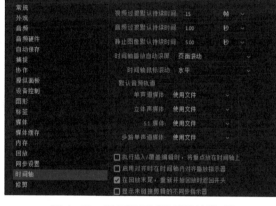

图 4-28 设置视频过渡默认持续时间

03 使用选择工具在序列中框选要添加默认过渡效果的视频剪辑，如图4-29所示。

04 在菜单栏中单击"序列"｜"应用默认过渡到选择项"命令，即可将默认过渡效果添加到所选的视频剪辑之间，如图4-30所示。

图 4-29 选中视频剪辑

图 4-30 添加默认过渡效果

✎ 经验之谈

此时，还可以通过复制操作将过渡效果同时添加到多个视频剪辑上。选中视频剪辑之间的过渡效果，按【Ctrl+C】组合键进行复制，然后按住【Shift】键选中多个视频剪辑之间的剪辑点，按【Ctrl+V】组合键即可粘贴过渡效果。

任务二 制作创意转场效果

如今人们对短视频的质量要求越来越高，这不仅体现在对内容本身的要求上，还体现在对视频画面效果的要求上。如果视频画面效果一般，观众就很难被吸引。因此，小艾觉得，短视频中不能只有简单的视频过渡效果，还要有新颖的转场形式。小艾向同事小赵请教，经过小赵的指导，她了解了创意转场特效具有开放性，需要根据画面中形状、色彩、明暗及镜头的运动方向等元素，通过使用关键帧灵活编辑各种视频效果来制作。

↘ 活动一　制作快速翻页转场效果

下面在短视频的开始部分制作快速翻页转场效果，具体操作方法如下。

步骤 01 在V1轨道上选中"视频3、视频4……视频10"8个剪辑，按住【Alt】键的同时向上拖动将其复制到V2轨道上，如图4-31所示。

步骤 02 选中V2轨道上的剪辑，按住【Alt】键的同时按3次【←】键将所选视频剪辑向左移动3帧，如图4-32所示。

图4-31　复制视频剪辑

图4-32　移动视频剪辑

步骤 03 按【Y】键调用"外滑工具" ，选中V1轨道上的"视频3"剪辑，向左拖动鼠标，使"视频3"剪辑的内容向左移动3帧，使其与V2轨道上的视频剪辑画面同步，但剪辑点位置不变，如图4-33所示。采用同样的方法，调整V1轨道上的其他视频剪辑。

步骤 04 为V2轨道上的视频剪辑分别创建嵌套序列，使各个视频剪辑具有相同的初始"运动"属性，如图4-34所示。

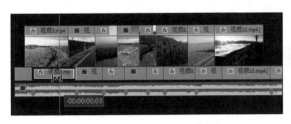

图4-33　使用外滑工具调整剪辑

图4-34　创建嵌套序列

步骤 05 在"效果"面板中搜索"变换"，然后将"变换"效果拖至V2轨道的"视频3"剪辑上，为其添加该效果，如图4-35所示。

步骤 06 打开"效果控件"面板，可以看到添加的"变换"效果，启用"位置"动画，然后将播放滑块向右移动3帧，添加第2个关键帧。设置第1个关键帧的y坐标参数为-360.0，取消选择"使用合成的快门角度"复选框，设置"快门角度"为120.00，以增加运动模糊效果，如图4-36所示。

步骤 07 在"节目"面板中预览"视频3"剪辑的入场动画效果，可以看到视频剪辑从画面上方向下快速切入，形成快速翻页的入场效果，如图4-37所示。

步骤 08 在"效果控件"面板中选中"变换"效果，按【Ctrl+C】组合键复制效果，然后选中V2轨道上的其他视频剪辑，按【Ctrl+V】组合键粘贴效果，如图4-38所示。

步骤 09 在"节目"面板中预览其他视频剪辑快速翻页入场效果，如图4-39所示。

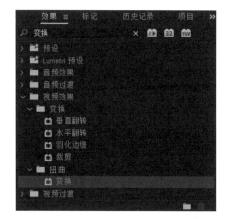

图 4-35 添加"变换"效果

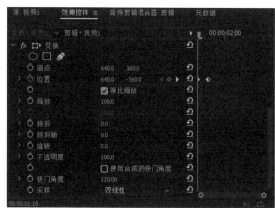

图 4-36 设置"变换"动画效果

图 4-37 预览快速翻页入场效果

图 4-38 粘贴"变换"效果

图 4-39 预览快速翻页入场效果

10 在"源"面板中打开"光效1"素材,标记入点和出点,并在要转场的位置添加标记,如图4-40所示。

11 将"光效1"素材添加到V3轨道上,并将其置于"视频2"和"视频3"剪辑的转场位置,如图4-41所示。

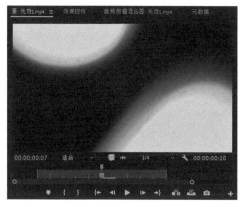

图 4-40 标记"光效1"素材

图 4-41 添加"光效1"素材

步骤 12 在"效果控件"面板的"不透明度"效果中设置"混合模式"为"滤色"，如图4-42所示。

步骤 13 在"节目"面板中预览效果，可以看到视频剪辑在快速翻页入场的同时又增加了闪光特效，如图4-43所示。

图4-42　设置混合模式

图4-43　预览添加光效后的效果

步骤 14 采用同样的方法为其他视频剪辑的入场动画添加光效，然后将"翻页音效"素材添加到A2轨道上，并放到每个视频剪辑的转场位置，如图4-44所示。

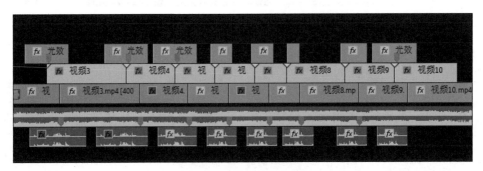

图4-44　添加转场音效

✎ **经验之谈**

在为视频剪辑制作快速翻页效果时没有使用"运动"效果，而是用了"变换"效果，不仅是因为"变换"效果可以为翻页动画带来更真实的运动模糊，还由于当为视频剪辑添加了多个效果后，效果的先后顺序很重要，而"运动"效果总是应用在其他效果之后。为了实现最终效果，有时需要将"变换"效果应用到最开始，使用其中的相关属性（如位置、缩放、旋转）代替"运动"效果中相应的属性。

↘ **活动二　制作开幕转场效果**

下面将介绍如何制作开幕转场效果，具体操作方法如下。

步骤 01 在序列中为"视频11"剪辑创建嵌套序列，在"视频10"和"视频11"剪辑之间添加"黑场过渡"转场效果，如图4-45所示。

步骤 02 为"视频11"剪辑添加"裁剪"效果，在"效果控件"面板中启用"顶部"动画，添加两个关键帧，设置"顶部"参数分别为50.0%、0.0%，然后采用同样的方法编辑"底部"动画，如图4-46所示。

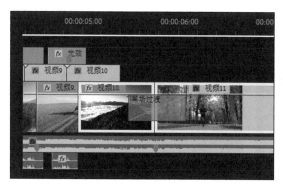

图 4-45 添加"黑场过渡"转场效果

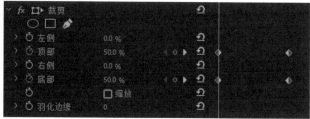

图 4-46 设置"裁剪"动画效果

03 在"节目"面板中预览开幕转场效果,如图4-47所示。

图 4-47 预览开幕转场效果

活动三 制作位移转场效果

下面将介绍如何制作位移转场效果,为两个镜头添加同一方向的位置移动和动态模糊,具体操作方法如下。

01 在"项目"面板中创建调整图层,然后选中调整图层,按【Ctrl+R】组合键,在弹出的对话框中设置"持续时间"为15帧,单击"确定"按钮,如图4-48所示。

02 将调整图层添加到V2轨道上,并将其置于"视频11"和"视频12"剪辑的转场位置,如图4-49所示。

图 4-48 设置持续时间

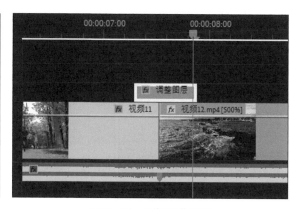

图 4-49 添加调整图层

03 为调整图层添加"偏移"效果,在"效果控件"面板中启用"将中心移位至"动画,添加两个关键帧,设置第2个关键帧的y坐标参数为-1920.0,然后调整关键帧贝塞尔曲线,如图4-50所示。

步骤 04 继续为调整图层添加"方向模糊"效果，启用"模糊长度"动画，添加3个关键帧，设置"模糊长度"参数分别为0.0、150.0、0.0，然后调整关键帧贝塞尔曲线，如图4-51所示。

图 4-50 设置"偏移"动画效果　　　　　　　图 4-51 设置"方向模糊"动画效果

步骤 05 继续为调整图层添加"亮度与对比度"效果，启用"亮度"动画，添加3个关键帧，设置"亮度"参数分别为0.0、50.0、0.0，然后调整关键帧贝塞尔曲线，如图4-52所示。

步骤 06 在"亮度与对比度"效果中启用"对比度"动画，添加3个关键帧，设置"对比度"参数分别为0.0、50.0、0.0，然后调整关键帧贝塞尔曲线，如图4-53所示。

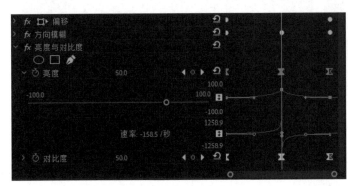

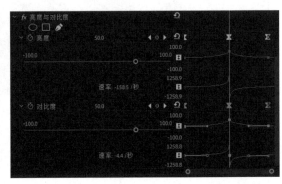

图 4-52 编辑"亮度"动画　　　　　　　　　图 4-53 编辑"对比度"动画

步骤 07 在"节目"面板中预览位移转场效果，如图4-54所示。

图 4-54 预览位移转场效果

↘ 活动四　制作无缝平移转场效果

下面将介绍如何制作无缝平移转场效果，为两个镜头添加顺滑的平移转场动画，具体操作方法如下。

01 在"视频12"和"视频13"剪辑的转场位置上方添加调整图层，如图4-55所示。

图 4-55 添加调整图层

02 为调整图层添加"偏移"效果，在"效果控件"面板中启用"将中心移位至"动画，添加4个关键帧，设置x坐标参数分别为640.0、0.0、1280.0、640.0，然后调整关键帧贝塞尔曲线，如图4-56所示。

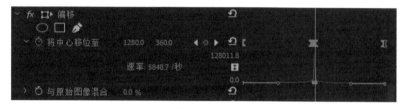

图 4-56 设置"偏移"动画效果

03 为调整图层添加"镜像"效果，启用"反射中心"动画，设置x坐标参数分别为1280.0、640.0、640.0、0.0，然后调整关键帧贝塞尔曲线。启用"反射角度"动画，分别在"反射中心"第2个和第3个关键帧位置添加关键帧，设置"反射角度"参数分别为0.0°、180.0°，如图4-57所示。

图 4-57 设置"镜像"动画效果

04 为调整图层添加"方向模糊"效果，设置"方向"参数为90.0°，启用"模糊长度"动画，添加3个关键帧，设置"模糊长度"参数分别为0.0、20.0、0.0，然后调整关键帧贝塞尔曲线，如图4-58所示。

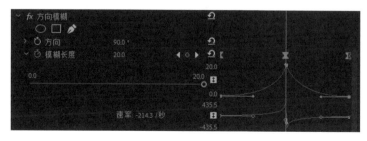

图 4-58 设置"方向模糊"动画效果

05 为调整图层添加"亮度与对比度"效果，启用"亮度"动画，添加3个关键帧，设置"亮度"参数分别为0.0、50.0、0.0，然后调整关键帧贝塞尔曲线。采用同样的方法编辑"对比度"动画，如图4-59所示。

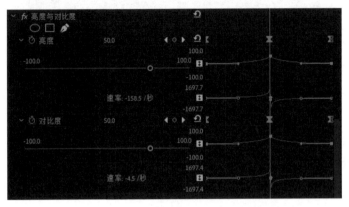

图4-59　设置"亮度与对比度"动画效果

步骤 06 在"节目"面板中预览无缝平移转场效果，如图4-60所示。

图4-60　预览无缝平移转场效果

↘ 活动五　制作动感缩放转场效果

下面将介绍如何制作动感缩放转场效果，使前一个视频剪辑动感放大出场，后一个视频剪辑动感缩小入场，具体操作方法如下。

步骤 01 在"视频13"和"视频14"剪辑的转场位置上方添加两个调整图层，将其分别置于"视频13"剪辑的末尾和"视频14"剪辑的开头，如图4-61所示。

步骤 02 选中"视频13"剪辑上方的调整图层，为其添加"变换"效果，启用"缩放"动画，添加两个关键帧，设置"缩放"参数分别为100.0、300.0，调整贝塞尔曲线，取消选择"使用合成的快

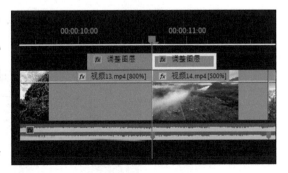

图4-61　添加调整图层

门角度"复选框，设置"快门角度"为360.00，制作动感放大动画，如图4-62所示。

03 选中"视频14"剪辑上方的调整图层，为其添加"变换"效果，启用"缩放"动画，添加两个关键帧，设置"缩放"参数分别为300.0、100.0，调整贝塞尔曲线，取消选择"使用合成的快门角度"复选框，设置"快门角度"为360.00，制作动感缩小动画，如图4-63所示。

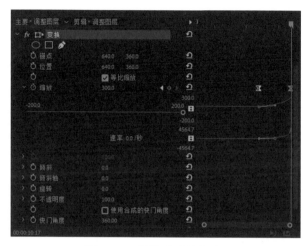

图 4-62 制作动感放大动画

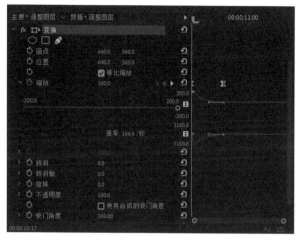

图 4-63 制作动感缩小动画

04 在"节目"面板中预览动感缩放转场效果，如图4-64所示。

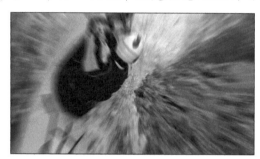

图 4-64 预览动感缩放转场效果

↘ 活动六 制作模糊转场效果

下面将介绍如何制作模糊转场效果，具体操作方法如下。

01 在序列中为"视频15"剪辑创建嵌套序列，在"视频14"和"视频15"剪辑之间添加"交叉溶解"转场效果，然后在"视频14"和"视频15"剪辑的转场位置上方添加两个调整图层，如图4-65所示。

图 4-65 添加调整图层

02 选中"视频14"剪辑上方的调整图层，为其添加"快速模糊"效果，在"效果控件"面板中启用"模糊度"动画，添加两个关键帧，设置"模糊度"参数分别为0.0、100.0。在"模糊维度"下拉列表框中选择"水平和垂直"选项，选中"重复边缘像素"复选框，制作剪辑出场模糊动画，如图4-66所示。

步骤 03 选中"视频15"剪辑上方的调整图层，为其添加"快速模糊"效果，在"效果控件"面板中启用"模糊度"动画，添加两个关键帧，设置"模糊度"参数分别为100.0、0.0。在"模糊维度"下拉列表框中选择"水平和垂直"选项，选中"重复边缘像素"复选框，制作剪辑入场模糊动画，如图4-67所示。

图4-66 制作剪辑出场模糊动画　　　　　图4-67 制作剪辑入场模糊动画

步骤 04 在"节目"面板中预览模糊转场效果，如图4-68所示。

图4-68 预览模糊转场效果

↘ 活动七　制作渐变擦除转场效果

下面将介绍如何制作渐变擦除转场效果，这种转场效果是以画面的明暗作为渐变的依据，在两个镜头之间实现画面从亮部到暗部或者从暗部到亮部渐变过渡，具体操作方法如下。

步骤 01 对"视频15"剪辑的末尾部分进行分割，并将其复制到V2轨道上，如图4-69所示。

步骤 02 对V2轨道上的"视频15"剪辑进行修剪，调整其入点与"视频16"剪辑的入点位置对齐，调整其出点，覆盖"视频16"剪辑的开头部分，该部分用于转场，如图4-70所示。

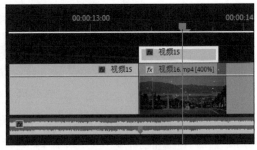

图4-69 复制剪辑　　　　　　　　　　图4-70 修剪剪辑

03 为V2轨道上的"视频15"剪辑添加"渐变擦除"效果，在"效果控件"面板中启用"过渡完成"动画，添加两个关键帧，设置"过渡完成"参数分别为0%、100%，"过渡柔和度"参数为50%，如图4-71所示。

图 4-71 设置"渐变擦除"动画效果

04 在"节目"面板中预览渐变擦除转场效果，如图4-72所示。

图 4-72 预览渐变擦除转场效果

↘ 活动八 制作无缝放大转场效果

下面将介绍如何制作无缝放大转场效果，以模拟快速拉镜头的运镜效果，具体操作方法如下。

01 在"视频18"剪辑入场位置的上方添加调整图层，如图4-73所示。

02 为调整图层添加"复制"效果和4个"镜像"效果。在"复制"效果中设置"计数"参数为3，然后设置每个"镜像"效果不同的"反射角度"和"反射中心"参数，这两个效果的结果是将"视频18"剪辑画面缩小1/3，并设置每个方向上的镜像图像，如图4-74所示。

图 4-73 添加调整图层　　　图 4-74 设置"复制"和"镜像"效果

03 在V3轨道上添加调整图层，并将其置于"视频17"和"视频18"剪辑的转场位置，如图4-75所示。

04 为调整图层添加"变换"效果，启用"缩放"动画，添加两个关键帧，设置"缩放"参数分别为100.0、300.0，调整贝塞尔曲线，取消选择"使用合成的快门角度"复选框，设置"快门角度"为360.00，如图4-76所示。

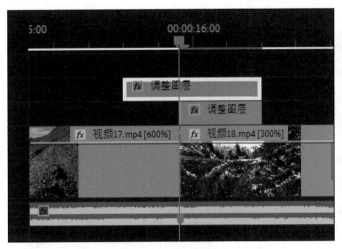
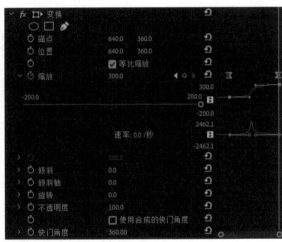

图 4-75　添加调整图层　　　　　　　图 4-76　设置"变换"动画效果

步骤 05 在"节目"面板中预览无缝放大转场效果，如图4-77所示。要制作无缝缩小转场效果，只需在"变换"效果中编辑"缩放"参数，制作缩小动画即可。

图 4-77　预览无缝放大转场效果

↘ 活动九　制作水波纹转场效果

下面将介绍如何制作水波纹转场效果，具体操作方法如下

步骤 01 在"视频23"和"视频24"剪辑之间添加"交叉溶解"转场效果，然后在V2轨道上添加调整图层，如图4-78所示。

步骤 02 为调整图层添加"湍流置换"效果，在"置换"下拉列表框中选择"凸出较平滑"选项，启用"数量"动画，添加两个关键帧，设置"数量"参数分别为100.0、0.0。启用"大小"动画，添加两个关键帧，设置"大小"参数分别为2.0、50.0，如图4-79所示。

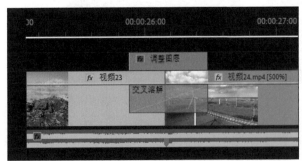

图 4-78　添加调整图层　　　　　　　图 4-79　设置"湍流置换"动画效果

步骤 03 在"节目"面板中预览水波纹转场效果，如图4-80所示。

图 4-80　预览水波纹转场效果

素养小课堂

　　要想制作出令人耳目一新的转场特效，就要有主动求新、求变的意识，不能千篇一律，而是不断探索创新。摒弃固化思维，不断增强创意性思维，并付诸实践，才能萌发出创新闪光点，不断突破自我认知，提升自身素养。

同步实训

实训内容

为"古镇旅拍"短视频制作转场特效。

实训描述

　　打开"素材文件\项目四\同步实训\古镇旅拍.prproj"项目文件，在"时间轴"面板中打开序列，为各视频剪辑制作转场效果。

操作指南

1. 添加音乐并精剪视频

　　序列中的视频剪辑已经粗剪完成，将音乐素材添加到 A1 轨道上，然后根据音乐节奏对视频进行变速处理，并调整各视频剪辑的长度，使剪辑点与音乐节奏点位置对齐。

2. 添加内置转场效果

　　为视频剪辑添加 Premiere 内置的视频过渡效果，并自定义过渡效果参数。

3. 制作创意转场效果

　　使用视频效果为视频剪辑制作各种创意转场效果，如快速翻页转场、开幕转场、位移转场、无缝平移转场、动感缩放转场、模糊转场等效果，然后在转场位置和视频变速位置添加相应的音效素材。

项目五
视频调色

➡️ **职场情境**

经过不断的学习，小艾对视频剪辑的理解越来越深刻，现在已经可以为同事提供工作意见。同事小芳在剪辑某个短视频素材后，向大家征求意见，看哪些方面没有做到位。小艾敏锐地发现，视频画面颜色比较平淡，且不符合短视频的风格，有很强的违和感。小芳认同小艾指出的问题，于是重新调整了每个视频剪辑的颜色，使它们色彩统一和谐，并对短视频整体进行了风格化调色。在小艾看来，一条短视频作品如果不经过认真的调色，会在视觉上大打折扣，影响观感，难以调动观众的情绪。

➡️ **学习目标**

= **知识目标** =

1. 掌握使用"Lumetri 颜色"工具调色的方法。
2. 掌握视频风格化调色的方法。

= **技能目标** =

1. 学会使用"Lumetri 颜色"面板对视频画面进行整体调色和局部调色。
2. 学会使用"Lumetri 范围"面板进行辅助调色。
3. 学会使用"Lumetri 颜色"面板进行视频风格化调色。

= **素养目标** =

1. 在视频调色过程中不断提升审美意识和审美能力。
2. 培养精益求精、坚忍不拔、专心致志、心无旁骛的优秀品质。

任务一 使用"Lumetri 颜色"工具调色

虽然小艾对色彩的敏感度较高，但她并不擅长使用调色工具，因此她在同事小赵调色的过程中认真学习调色操作。小赵告诉她，"Lumetri 颜色"是 Premiere 中重要的调色工具，拥有独立的控制面板，它提供了基本校正、创意、曲线、色轮和匹配、HSL 辅助、晕影等 6 种调色工具，可以对视频画面进行整体调色或局部调色。

↘ 活动一 颜色基本校正

使用"Lumetri 颜色"工具中的"基本校正"工具可以对视频剪辑进行基本颜色调整，完成短视频的初级调色。打开"素材文件 \ 项目五 \ 调色 01.prproj"项目文件，在"项目"面板中双击"剪辑 01"序列，在"时间轴"面板中将其打开，如图 5-1 所示。

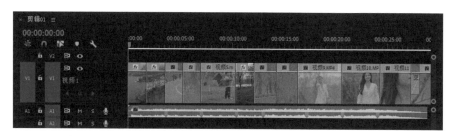

图 5-1 打开序列

在序列中选中"视频 9"剪辑，在"节目"面板中预览视频剪辑。在程序界面上方单击"颜色"按钮切换为"颜色"工作区，在窗口右侧可以看到"Lumetri 颜色"面板，展开"基本校正"选项，如图 5-2 所示。

图 5-2 展开"基本校正"选项

序列中各视频剪辑为 LOG 模式的"灰片"视频，LOG 模式的视频拥有更多的高亮、阴影信息，以及更宽的色域范围，但视频画面表现为低对比度、低饱和度的灰色。在调色时可以先使用 LUT 颜色预设将其还原为拥有正常灰阶范围、正常对比度、正常饱和度的 Rec.709 标准色彩。在"输入 LUT"下拉列表框中选择"浏览"选项（见图 5-3），在弹出的对话框中根据拍摄使用的设备选择相应的 LUT 文件，然后单击"打开"按钮，如图 5-4 所示。

图 5-3　选择"浏览"选项　　　　　　　　　图 5-4　选择 LUT 文件

　　此时，即可将视频颜色还原为正常的颜色。在"白平衡"选项中通过拖动"色温"滑块和"色彩"滑块调整素材的环境色。还可以单击"白平衡选择器"中的吸管按钮 ，在画面中的白色或中性色区域单击，让程序自动调整白平衡，如图 5-5 所示。

图 5-5　调整白平衡

　　在"色调"选项中使用不同的色调控件调整视频剪辑的大体色彩倾向，提升视频画面的视觉外观。在此根据需要调整各参数，完成视频剪辑的基本调色，如图 5-6 所示。在调色时，要使色调控件恢复为默认，可以双击色调控件。

图 5-6　调整"色调"参数

其中，各色调控件的作用如下。

● **曝光**：用于调整视频剪辑的亮度，向右拖动滑块可以增加色调值并增强高光，向左拖动滑块可以减少色调值并增强阴影。

● **对比度**：用于调整对比度，主要影响视频中的颜色中间调。增加对比度可以使中间调区到暗区变得更暗，降低对比度可以使中间调区到亮区变得更亮。

● **高光**：用于调整画面中的亮域，向左拖动滑块可以使高光变暗，向右拖动滑块可以在最小化修剪的同时使高光变亮（画面中亮域的细节不会丢失）。

● **阴影**：用于调整画面中的暗区，向左拖动滑块可以在最小化修剪的同时使阴影变暗（画面暗区的细节不会丢失），向右拖动滑块可以使阴影变亮并恢复阴影细节。

● **白色**：用于调整白色修剪，向左拖动滑块可以减少对高光的修剪，向右拖动滑块可以增加对高光的修剪（过度增加白色会使亮域变为纯白，丢失细节）。

● **黑色**：用于调整黑色修剪，向左拖动滑块可以增加黑色修剪，使更多阴影变为纯黑色（画面暗区的细节丢失），向右拖动滑块可以减少对阴影的修剪。"黑色"调节对画面暗部信息的影响较大，对画面亮部信息的影响较小。

● **饱和度**：用于均匀地调整画面中所有颜色的饱和度，降低饱和度可以使画面色彩逐渐变为黑白，增加饱和度可以使画面色彩变得鲜艳。

● **自动**：该选项可以让Premiere进行自动调节，以最大化色调等级并最小化高光和阴影进行修剪。

● **重置**：用于将所有色调控件还原为原始设置。

打开"效果控件"面板，可以看到添加的"Lumetri 颜色"效果。选中该效果，按【Ctrl+C】组合键复制效果，如图 5-7 所示。按住【Shift】键的同时在序列中选中除"视频 1""视频2""视频 6"剪辑（这 3 个剪辑为航拍素材，与其他剪辑的拍摄设备不同）外的其他视频剪辑，按【Ctrl+V】组合键粘贴"Lumetri 颜色"效果，如图 5-8 所示。

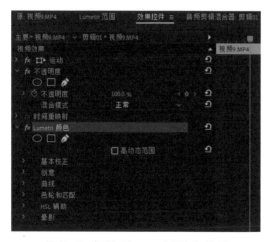

图 5-7 复制"Lumetri 颜色"效果

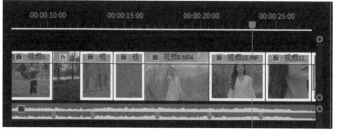

图 5-8 粘贴"Lumetri 颜色"效果

在"Lumetri 颜色"面板中对各个视频剪辑的色调参数进行微调，在"节目"面板中预览调色效果，如图 5-9 所示。

图 5-9　预览调色效果

　　在序列中选中"视频 1"剪辑，在"Lumetri 颜色"面板的"基本校正"选项中为视频剪辑应用"DJI Inspire LOG to Rec709"颜色预设，然后调整"白平衡"和"色调"参数，如图 5-10 所示。采用同样的方法，对"视频 2"和"视频 6"剪辑进行调色。

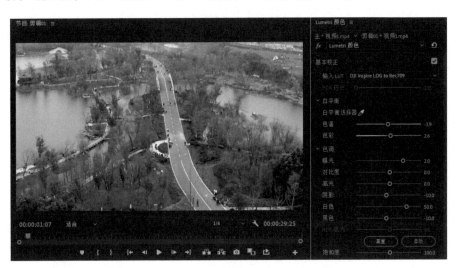

图 5-10　对视频剪辑颜色进行基本校正

↘ 活动二　创意调色

　　"Lumetri 颜色"工具的"创意"部分提供了各种颜色预设，用户可以使用 Premiere 内置的 LUT 或第三方颜色 LUT 快速改变画面的颜色。执行创意调色时，可以为视频剪辑再添加一个"Lumetri 颜色"效果，并进行相关调整。

　　在序列中选中"视频 10"剪辑，在"Lumetri 颜色"面板中单击"Lumetri 颜色"下拉按钮，选择"添加 Lumetri 颜色效果"选项（见图 5-11），即可为视频剪辑添加第 2 个 Lumetri 颜色效果。再次单击"Lumetri 颜色"下拉按钮，选择"重命名"选项（见图 5-12），在弹出的对话框中输入名称，然后单击"确定"按钮，如图 5-13 所示。

　　在"Lumetri 颜色"面板中展开"创意"选项，如图 5-14 所示。

　　在"Look"下拉列表框中选择"SL CROSS HDR"颜色预设，调整"强度"为 40.0，然后调整"淡化胶片""锐化""自然饱和度""高光色彩"等参数，效果如图 5-15 所示。

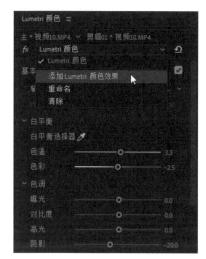

图 5-11　选择"添加 Lumetri 颜色效果"选项

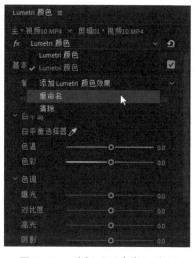

图 5-12　选择"重命名"选项

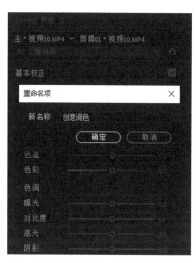

图 5-13　输入名称

图 5-14　展开"创意"选项

图 5-15　创意调色效果

其中，各选项的含义如下。

● Look：在该下拉列表框中可以选择Premiere提供的颜色预设，也可以选择浏览本地保存的颜色预设。使用现有的预设可以快速调整视频剪辑的颜色，单击预览窗口左右两侧的箭头，可以浏览不同外观，单击预览画面，可以把当前颜色预设应用到视频剪辑上。

- **强度**：用于调整应用的颜色预设的强度。向右拖动滑块，可以增加应用的Look效果；向左拖动滑块，可以减少应用的Look效果。
- **淡化胶片**：使视频剪辑应用淡化效果，以实现所需的怀旧风格。
- **锐化**：用于调整图像边缘清晰度，使画面中的细节更加明显。需要注意的是，过度锐化会使画面看起来不自然。
- **自然饱和度**：用于调整饱和度，以便在颜色接近最大饱和度时最大限度地减少修剪。该设置会更改所有低饱和度颜色的饱和度，而对高饱和度颜色的影响较小，还可以防止肤色的饱和度变得过高。
- **饱和度**：用于均匀地调整剪辑中所有颜色的饱和度，调整范围从0（单色）到200（饱和度加倍）。
- **色轮**：用于调整阴影和高光中的色彩值，在色轮中单击并将色轮光标从色轮中心向边缘拖动即可。
- **色彩平衡**：用于平衡视频剪辑中任何多余的洋红色或绿色。

↘ 活动三　曲线调色

"Lumetri 颜色"工具的"曲线"功能很强大，能够快速、精准地对颜色进行调整。曲线调色分为 RGB 曲线和色相饱和度曲线两种类型。在序列中选中"视频 3"剪辑，在"Lumetri 颜色"面板中展开"曲线"选项，然后展开"RGB 曲线"选项。

RGB 曲线分为主曲线和红色、绿色、蓝色 3 个颜色通道曲线。主曲线用于调整画面的亮度，调整主曲线的同时会调整所有 RGB 颜色通道的值。曲线的横坐标从左到右依次代表黑色、阴影、中间调、高光和白色，纵坐标代表亮度值，如图 5-16 所示。

RGB 调色原理如图 5-17 所示。它是一种加色模式，也就是颜色相加的成色原理，即红＋绿＝黄、红＋蓝＝品红、绿＋蓝＝青、红＋绿＋蓝＝白。其中又分为相邻色和互补色，例如，红色的相邻色是黄色和品红，红色的互补色是青色。在 RGB 调色过程中，相邻色和互补色的调色非常重要。例如，若要在画面中增加青色，可以通过增加它的相邻色或减少它的互补色来实现，即增加绿色和蓝色或者减少红色。

图 5-16　RGB 曲线

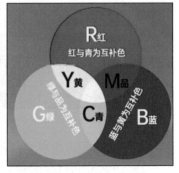

图 5-17　RGB 调色原理

　　在主曲线阴影、中间调和高光区域依次单击，添加 3 个控制点，然后将高光区的曲线向上提，将阴影区的曲线向下拉，使画面亮部更亮，暗部更暗，增加画面的对比度，如图 5-18 所示。单击绿色曲线按钮◉，调整曲线增加高光区域的绿色，如图 5-19 所示。单击蓝色曲线按钮◉，调整曲线增加高光区域的蓝色，如图 5-20 所示。

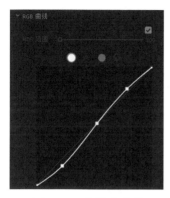 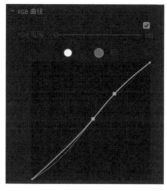 

　图 5-18　调整主曲线　　　　图 5-19　调整绿色曲线　　　图 5-20　调整蓝色曲线

　　在"节目"面板中预览"RGB 曲线"调色效果，如图 5-21 所示。

图 5-21　预览调色效果

　　利用曲线调色中的"色相饱和度曲线"功能可以对视频中基于不同类型曲线的颜色进行调整，分为色相与饱和度、色相与色相、色相与亮度、亮度与饱和度、饱和度与饱和度等类型。

　　在"曲线"选项中展开"色相饱和度曲线"选项，在"色相与饱和度"曲线中使用吸管工具在画面中取色，取色完成后会出现 3 个控制点，中间的控制点为吸取的颜色，向左或向右拖动两侧的控制点可以调整色彩范围，在此增加绿色和蓝色的饱和度，如图 5-22 所示。在"色相与色相"曲线中调整曲线，将黄色向绿色调整，浅蓝向深蓝调整，如图 5-23 所示。在"色相与亮度"曲线中调整曲线，增加绿色的亮度，降低蓝色的亮度，如图 5-24 所示。

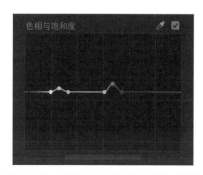 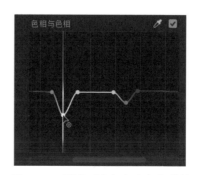 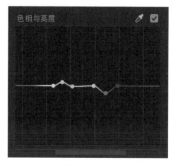

图 5-22　调整"色相与饱和度"曲线　　图 5-23　调整"色相与色相"曲线　　图 5-24　调整"色相与亮度"曲线

在"节目"面板中预览"色相饱和度曲线"调色效果，如图 5-25 所示。

图 5-25　预览调色效果

↘ 活动四　色轮和匹配调色

使用"色轮和匹配"功能调色可以准确地控制视频画面中的阴影、中间调、高光的色彩和亮度。在序列中选中"视频 9"剪辑，在"Lumetri 颜色"面板中展开"色轮和匹配"选项，如图 5-26 所示。

图 5-26　展开"色轮和匹配"选项

分别调整"中间调""阴影""高光"色轮，将"中间调"和"高光"向橙色调整，将"阴影"向青色调整，然后拖动色轮旁的滑块调整亮度，如图 5-27 所示。

图 5-27　调整色轮

使用"颜色匹配"功能可以快速匹配不同视频剪辑的颜色，使短视频的总体外观保持一致。在序列中选中"视频 8"剪辑，在"颜色匹配"选项右侧单击"比较视图"按钮，进入比较视图，左侧为参考画面，右侧为当前画面。在参考画面下方拖动播放滑块，将画面定位到要参考的位置，单击"应用匹配"按钮，如图 5-28 所示。

图 5-28 单击"应用匹配"按钮

此时，即可匹配参考画面的颜色，在色轮和亮度滑块中可以看到系统自动做出的调整，如图 5-29 所示。如果对调色结果不满意，可以使用其他色调控件进行手动微调，或者使用另一个镜头作为参考并再次匹配颜色。

图 5-29 匹配颜色

↘ 活动五 HSL辅助调色

使用"HSL 辅助"功能调色可以对画面中的特定颜色进行调整，而不影响画面中的其他部分。在序列中选中"视频 10"剪辑，在"Lumetri 颜色"面板中展开"HSL 辅助"选项，如图 5-30 所示。

图 5-30 展开"HSL 辅助"选项

单击"设置颜色"选项中的吸管工具按钮，在画面中人物的面部单击吸取目标颜色。在下方颜色模式下拉列表框中选择"彩色/黑色"选项，并选中其前面的复选框，此时在画面中可以看到所选的颜色范围，目标颜色以外的其他部分都变为黑色。

单击按钮可以在画面中添加颜色，单击按钮可以在画面中减少颜色。拖动 H、S、L 滑块调整和优化选区，拖动顶部的三角块可以扩展或限制范围，拖动底部的三角块可以使选定像素和非选定像素之间的过渡更加平滑。

在"优化"选项中，调整"降噪"参数可以平滑颜色过渡并移除选区中的所有杂色，调整"模糊"参数可以柔化选区的边缘以混合选区，如图 5-31 所示。

图 5-31　设置颜色选区

颜色选区设置完成后，取消选择"彩色/黑色"复选框，退出该颜色模式。在"更正"选项中使用色轮进行调色，在下方调整"色温""色彩""对比度""锐化""饱和度"等参数，对人物的肤色进行精确调整并提亮，预览调色效果，如图 5-32 所示。

图 5-32　预览调色效果

↘ 活动六　晕影调色

晕影是一种画面边缘变暗的效果，使用"晕影"效果可以让观众的视线有效地集中到画面的中心区域，即使是轻微的调整，也可以有很显著的表现。在序列中选择"视频 11"剪辑，在"Lumetri 颜色"面板中展开"晕影"选项，如图 5-33 所示。

图 5-33 展开"晕影"选项

　　根据需要调整"数量""中点""圆度""羽化"等参数，在"节目"面板中预览调色效果，如图 5-34 所示。在"晕影"效果的 4 个参数中，"数量"用于调整晕影的变亮量或变暗量，"中点"用于调整晕影数量影响区域的宽度，"圆度"用于调整晕影的大小，"羽化"用于调整晕影边缘的柔和度。

图 5-34 预览调色效果

📝 经验之谈

　　此外，还可以使用"亮度与对比度"效果为视频剪辑添加晕影效果。首先为视频剪辑添加"亮度与对比度"效果，然后在"效果控件"面板中调整"亮度"与"对比度"参数使画面变暗，接着创建椭圆形蒙版，并选中"已反转"复选框，在"节目"面板中调整蒙版的路径、大小和羽化即可。

↘ 活动七　使用"Lumetri 范围"面板辅助调色

　　Premiere 内置了一组颜色示波器，用于帮助用户准确评估和修正剪辑的颜色。下面将介绍两种常用的颜色示波器，即 RGB 分量图和矢量示波器 YUV。

1. RGB 分量图

RGB 分量图用于观察画面中红、绿、蓝的色彩平衡，并根据需要进行调整。在序列中将播放滑块移至"视频 5"剪辑上，在工作区左上方打开"Lumetri 范围"面板，在面板中单击鼠标右键，设置显示相应的颜色示波器，在此选择"分量（RGB）"，显示 RGB 分量图，如图 5-35 所示。

图 5-35　RGB 分量图

RGB 分量图把红色、绿色、蓝色 3 种颜色分量分别展示，用户可以从中轻松地找出图像中的偏色，并通过调整白平衡来校正偏色。RGB 分量图左侧的 0 ～ 100 代表亮度值，从上到下大致分为高光区、中间调区和阴影区。下方的 0 和上方的 100 分别表示像素全黑和全白，在调色时可以让颜色接近 0 或 100，但不要低于 0 或超过 100。RGB 分量图右侧的 0 ～ 255 为 R、G、B 各通道所对应的数值。

2. 矢量示波器 YUV

在"Lumetri 范围"面板中将颜色示波器切换为矢量示波器 YUV，如图 5-36 所示。

图 5-36　矢量示波器 YUV

矢量示波器 YUV 代表的是画面的色彩对于各种颜色的偏移状况和整体的饱和度状况。这些颜色分别为 R（Red，红色）、Yl（Yellow，黄色）、G（Green，绿色）、Cy（Cyan，青色）、B（Blue，蓝色）和 Mg（Magenta，品红）。这 6 种颜色之间构成一个六边形，中间的白色区域是对画面色彩分布的直观显示。

我们可以将这个六边形看成是一个色环，白色区域倾斜的方向就是画面趋近的色相，白色区域距离中心点越远，表明该方向上的饱和度越高。如果白色区域超过六边形的边线，就会出现饱和度过高的情况。在 R 和 Yl 中间的线为"肤色线"，当用蒙版选中画面中人物的皮肤部分时，如果白色部分的分布与"肤色线"重合，表示人物肤色正常不偏色。

素养小课堂

视频调色是一个需要专注的工作环节，这就要求我们具备工匠精神。培养工匠精神就是要逐步建立精益求精、坚忍不拔、专心致志、心无旁骛的优秀品质，这需要养成细致入微的良好习惯，也需要具有专心于全局的格局和意识。

任务二 视频风格化调色

经过同事小赵的介绍，小艾逐渐掌握了"Lumetri 颜色"各种调色工具的使用方法。创作团队准备对短视频进行风格化调色时，小艾自告奋勇，想亲自尝试，检验自己的学习效果。下面我们就跟随小艾一起使用"Lumetri 颜色"工具对视频画面进行风格化调色。

↘ 活动一 青橙色调调色

青橙色调是电影中常见的一种色调，这种色调风格通过适当的冷暖色对比，使画面更具质感和通透感，能突出人物主体。下面将介绍如何调出青橙色调，具体操作方法如下。

步骤 01 打开"素材文件\项目五\调色02.prproj"项目文件，在项目中打开"青橙电影感调色"序列，在"节目"面板中预览视频，打开"Lumetri颜色"面板，展开"基本校正"选项，如图5-37所示。

图 5-37 展开"基本校正"选项

步骤 02 在"基本校正"选项中校正白平衡，然后调整"色调"选项中的各项参数，如图5-38所示。

图5-38 颜色基本校正

步骤 03 展开"RGB曲线"选项，调整曲线增加对比度，如图5-39所示。

步骤 04 单击绿色曲线按钮◙，调整曲线增加绿色，如图5-40所示。

步骤 05 单击蓝色曲线按钮◙，调整曲线增加蓝色，如图5-41所示。

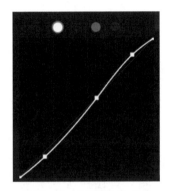 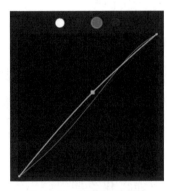 

图5-39 调整RGB曲线　　　图5-40 调整绿色曲线　　　图5-41 调整蓝色曲线

步骤 06 展开"色相饱和度曲线"选项，在"色相与色相"曲线中分别在红色、黄色、绿色、青色、蓝色、紫色区域添加控制点，然后将绿色和蓝色向青色调整，将红色、黄色、紫色向橙色调整，如图5-42所示。

步骤 07 在"色相与饱和度"曲线中调整曲线，降低青色的饱和度，如图5-43所示。

步骤 08 在"色相与亮度"曲线中调整曲线，降低青色的亮度，如图5-44所示。

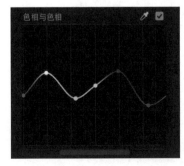 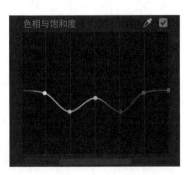 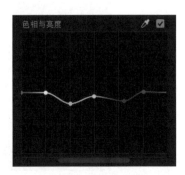

图5-42 调整"色相与色相"曲线 图5-43 调整"色相与饱和度"曲线 图5-44 调整"色相与亮度"曲线

步骤 09 展开"晕影"选项，调整各项参数，压暗画面边角，在"节目"面板中预览调色效果，此时人物的肤色偏绿，需要对其进行调色，如图5-45所示。

图 5-45　调整"晕影"参数

步骤 10 展开"HSL辅助"选项，使用吸管工具 在人物的面部单击取样颜色，在颜色模式下拉列表框中选择"彩色/灰色"选项，并选中其前面的复选框。拖动H、S、L滑块以调整颜色选区，在"优化"选项中调整"降噪"和"模糊"参数以优化颜色选区，如图5-46所示。

图 5-46　调整与优化选区

步骤 11 展开"更正"选项，在色轮中将颜色向绿色的相反方向调整，还原人物肤色，如图5-47所示。至此，青橙色调调色完成。

图 5-47　调整色轮

↘ **活动二　暗黑色调调色**

　　暗黑色调是一种非常有质感的色调，给人以沉稳、耐看、高级的感觉。在调色时主要对画面进行局部调色，压低画面整体曝光，降低除画面主体外其他部分的饱和度，并通过调色增加画面主体的质感，具体操作方法如下。

步骤 01 打开"暗黑风格调色"序列，在"节目"面板中预览视频，打开"Lumetri颜色"面板，展开"基本校正"选项，如图5-48所示。

图5-48　展开"基本校正"选项

步骤 02 调整"色调"选项中的各项参数，进行颜色基本校正，如图5-49所示。

图5-49　调整"色调"参数

步骤 03 展开"RGB曲线"选项，调整曲线增加暗部的对比度，并将曲线底部微微上提，如图5-50所示。

步骤 04 展开"色相饱和度曲线"选项，在"色相与饱和度"曲线中添加控制点，增加红色的饱和度，降低其他颜色的饱和度，如图5-51所示。

步骤 05 在"色相与亮度"曲线中添加控制点，降低除红色外其他颜色的亮度，如图5-52所示。

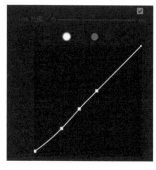

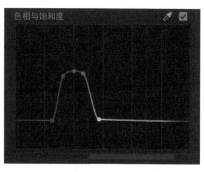
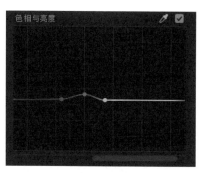

图 5-50 调整 RGB 曲线   图 5-51 调整"色相与饱和度"曲线   图 5-52 调整"色相与亮度"曲线

步骤 06 在"节目"面板中预览此时的调色效果,如图5-53所示。

图 5-53 预览调色效果

步骤 07 为视频剪辑添加新的"Lumetri颜色"效果,并将其重命名为"局部调色",在"效果控件"面板中单击"钢笔工具"按钮☑创建蒙版,如图5-54所示。

步骤 08 在"节目"面板中围绕人物绘制蒙版路径,如图5-55所示。

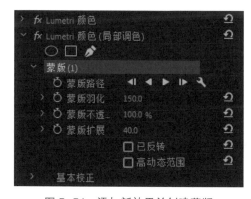

图 5-54 添加新效果并创建蒙版   图 5-55 绘制蒙版路径

步骤 09 在"Lumetri颜色"面板的"基本校正"选项中调整"色调"各项参数,如图5-56所示。

步骤 10 展开"RGB曲线"选项,调整RGB曲线增加对比度,提升质感,如图5-57所示。

步骤 11 展开"创意"选项,调整"锐化"和"自然饱和度"参数,如图5-58所示。

步骤 12 在"节目"面板中预览调色效果,如图5-59所示。

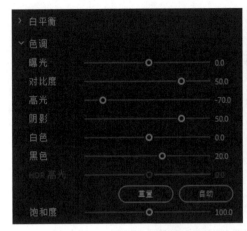

图 5-56　调整"色调"参数

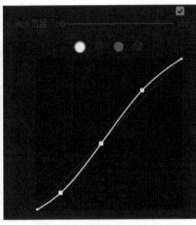

图 5-57　调整 RGB 曲线

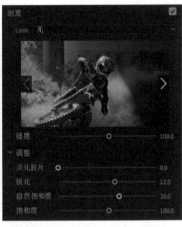

图 5-58　调整"创意"参数

图 5-59　预览调色效果

↘ 活动三　复古怀旧风格调色

下面将介绍如何调出复古怀旧风格的色调，具体操作方法如下。

步骤 **01** 打开"复古怀旧风格调色"序列，在"节目"面板中预览视频，打开"Lumetri颜色"面板，展开"基本校正"选项，如图5-60所示。

图 5-60　展开"基本校正"选项

步骤 02 在"基本校正"选项中校正白平衡，调整"色调"选项中的各项参数，如图5-61所示。

图 5-61　颜色基本校正

步骤 03 展开"创意"选项，调整"饱和度"和"自然饱和度"参数，如图5-62所示。

步骤 04 展开"RGB曲线"选项，调整曲线增加对比度，如图5-63所示。

步骤 05 展开"色轮和匹配"选项，将"中间调"和"高光"向黄色调整，然后根据需要调整各亮度滑块，如图5-64所示。

 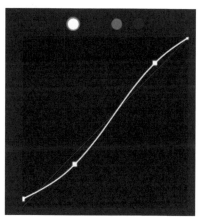 

图 5-62　调整"创意"参数　　　图 5-63　调整 RGB 曲线　　　图 5-64　调整色轮

步骤 06 在"节目"面板中预览调色效果，如图5-65所示。

图 5-65　预览调色效果

↘ 活动四　黑金色调调色

　　黑金色调调色通过消除杂乱的环境光，能让画面呈现出一种高级的金属质感，比较适合城市街景或夜景类型的短视频。下面将介绍如何为夜景画面调出黑金风格的色调，具体操作方法如下。

步骤01 打开"黑金夜景调色"序列，在"节目"面板中预览视频，打开"Lumetri颜色"面板中，展开"RGB曲线"选项，如图5-66所示。

图5-66　展开"RGB曲线"选项

步骤02 调整RGB曲线，增加对比度，如图5-67所示。

图5-67　调整RGB曲线

步骤03 展开"色相饱和度曲线"选项，在"色相与饱和度"曲线中提高金色的饱和度，降低其他颜色的饱和度，如图5-68所示。

步骤04 在"色相与色相"曲线中调整曲线，将橙色和绿色向金色调整，将蓝色向青色调整，如图5-69所示。

步骤05 在"色相与亮度"曲线中降低金色的亮度，提高绿色和蓝色的亮度，如图5-70所示。

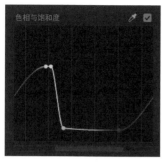
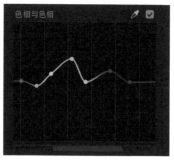
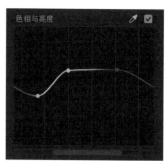

图 5-68 调整"色相与饱和度"曲线 图 5-69 调整"色相与色相"曲线 图 5-70 调整"色相与亮度"曲线

步骤 06 展开"色轮和匹配"选项,将"阴影"向青色调整,在"节目"面板中预览调色效果,如图5-71所示。

图 5-71 预览调色效果

✎ 经验之谈

　　使用"反转"效果和混合模式也可以为视频进行风格化调色。方法如下:复制视频剪辑,并为复制的剪辑添加"反转"效果,将效果中的"声道"设置为"正交色度",然后将混合模式设置为"强光"或"变亮",即可设置一种风格化色调。通过组合"反转"效果中不同的声道或不同的混合模式,可以调出不同风格的色调。

▌ 同步实训

实训内容

为"市井烟火"短视频进行调色。

实训描述

打开"素材文件\项目五\同步实训\市井烟火.prproj"项目文件,在"时间轴"面板中打开序列，对各个视频剪辑进行调色。

操作指南

1. 对视频颜色进行基本校正

使用"Lumetri 颜色"工具中的"基本校正"功能校正画面白平衡、调整画面色调，并使用 RGB 分量图和矢量示波器 YUV 辅助调色。

2. 局部调色

使用"曲线"工具、"HSL 辅助"工具及蒙版对各视频剪辑进行局部调色。

3. 风格化调色

使用色相饱和度曲线、色轮工具对视频剪辑进行风格化调色，使用"颜色匹配"功能统一各个视频剪辑的色调。在序列中添加调整图层并覆盖整个短视频，为调整图层应用并调整 LUT 颜色预设。

项目六
添加与编辑音频

➡ 职场情境

　　短视频是画面与声音结合的艺术，如果只有精美的画面，但声音与画面不搭配，或者不悦耳，也会使短视频的播放效果很差，以致影响观众的观看体验。为此，小艾想使用专业的音频处理软件对录制的音频进行处理，而同事小赵告诉她，Premiere 就带有音频处理功能，还能很方便地录制音频、调整音量、优化音频效果。接下来，就让我们跟随小艾一起走进音频处理环节。

➡ 学习目标

= 知识目标 =

1. 掌握在短视频中添加与调整音频的方法。
2. 掌握设置短视频音频效果的方法。

= 技能目标 =

1. 学会为短视频同步音频和添加音频。
2. 学会为短视频录制音频、监控音频和调整音量。
3. 学会为短视频添加音频过渡效果，降低噪声和混响。
4. 学会为短视频设置音乐自动回避人声。
5. 学会使用音高换挡器制作变调效果。

= 素养目标 =

1. 不忘本来，在短视频中传承中华民族富有特色的传统文化。
2. 坚定文化自信，建设社会主义文化强国。

任务一 添加与调整音频

小艾负责剪辑的短视频需要添加视频同期声和音频，而且有些音频在素材库中没有资源，她只好录制音频。经过同事指导，小艾很快熟悉了相关操作。在经过细致的调整后，小艾觉得音频与视频画面已经完美契合，音画同步，优美的音乐和恰到好处的音效为短视频作品增添了不少光彩。

↘ 活动一 同步音频

在拍摄短视频时，经常使用专业的录音设备录制视频同期声，这样在后期制作时就需要同步音频。在 Premiere 中同步音频的具体操作方法如下。

步骤 01 打开"素材文件\项目六\音频编辑.prproj"项目文件，在工作区上方单击"音频"按钮，切换到"音频"工作区，如图6-1所示。

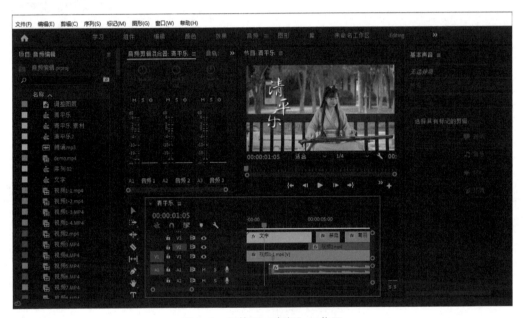

图 6-1 切换到"音频"工作区

步骤 02 在"时间轴"面板中展开A1轨道，按空格键播放视频，可以听到"视频1-1"剪辑中原声音频的音量较小且有很大的噪声。将播放滑块移至音频波形中波形突然变化很大的位置，单击"添加标记"按钮在音频上添加标记，如图6-2所示。

步骤 03 在"项目"面板中双击"demo"视频素材，在"源"面板中预览素材，单击"仅拖动音频"按钮，切换到音频波形视图下。播放音频可以听到该音频质量较好，音量大且无噪声。在与序列中音频相同的音频波形位置添加标记，然后标记出点，如图6-3所示。

步骤 04 在"源"面板中拖动"仅拖动音频"按钮到序列的A2轨道上，在按住【Shift】键的同时选中A1和A2轨道上的音频剪辑，然后用鼠标右键单击所选剪辑，选择"同步"命令，如图6-4所示。

步骤 05 弹出"同步剪辑"对话框，选中"剪辑标记"单选按钮，在右侧下拉列表框中选择标记，然后单击"确定"按钮，如图6-5所示。

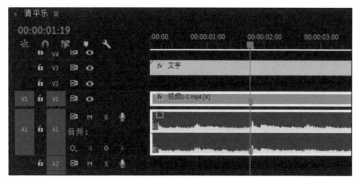

图 6-2　添加标记

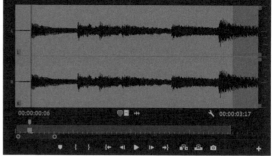

图 6-3　添加标记并标记出点

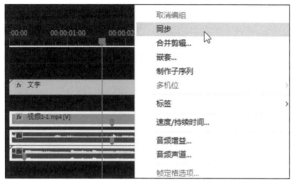

图 6-4　选择"同步"命令

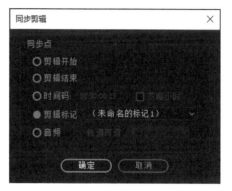

图 6-5　设置同步点

步骤 06 此时即可在标记位置同步对齐两个音频，如图6-6所示。也可以直接拖动A2轨道上的音频剪辑来对齐标记。

步骤 07 用鼠标右键单击"视频1-1"剪辑，选择"取消链接"命令，取消视频与音频的链接，如图6-7所示。

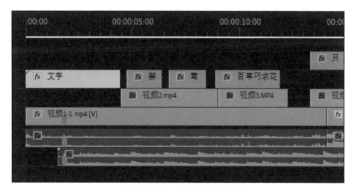

图 6-6　对齐音频标记

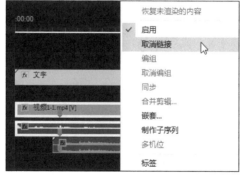

图 6-7　选择"取消链接"命令

步骤 08 根据需要修剪A2轨道上的音频剪辑，使其与A1轨道上"视频1-1"剪辑的原声音频剪辑对齐，然后选中A1轨道上"视频1-1"剪辑的原声音频剪辑并按【Delete】键将其删除，如图6-8所示。

步骤 09 将A2轨道上的音频剪辑移至A1轨道上，然后在按住【Shift】键的同时选中"视频1-1"剪辑和A1轨道上的音频剪辑，用鼠标右键单击所选剪辑，选择"链接"命令，如图6-9所示。

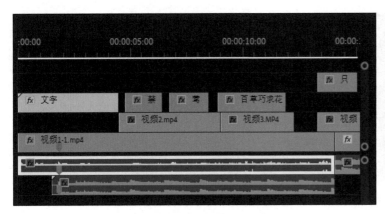

图 6-8　删除视频原声音频剪辑　　　　　　　　　图 6-9　选择"链接"命令

素养小课堂

在短视频创作中，我们要积极弘扬中华传统文化，把源远流长、博大精深的传统文化作为重要的选题，通过对中华传统文化的高度凝练和传达来讲述中国故事。中华传统文化是中华民族的智慧结晶，是我们在世界文化激荡中站稳脚跟的根基。我们要通过短视频对传统文化的弘扬来继承发展，提升文化自信，彰显文化担当。

↘ 活动二　添加音频

下面将介绍如何在序列中添加音频，如添加同期声音频、旁白配音、背景音乐、音效等，具体操作方法如下。

步骤 01 在序列中选中"视频2"剪辑，如图6-10所示。

步骤 02 按【F】键执行匹配帧命令，在"源"面板中可以看到与视频剪辑所对应的源素材，拖动"仅拖动音频"按钮▦到序列的A2轨道上，如图6-11所示。

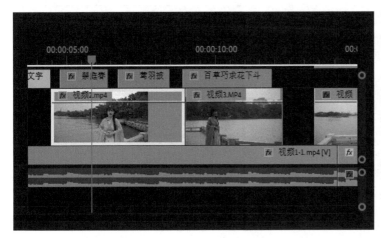

图 6-10　选中"视频2"剪辑　　　　　　　　　图 6-11　拖动"仅拖动音频"按钮

步骤 03 将音频拖至"视频2"剪辑的下方，即可为"视频2"剪辑添加音频剪辑，如图6-12所示。

步骤 04 采用同样的方法，为"视频3""视频4""视频6""视频8"剪辑添加音频剪辑。为了与其他音频剪辑有所区别，选中A2轨道上的音频剪辑并用鼠标右键单击，选择"标签"|"绿色"命令，设置剪辑的标签颜色，如图6-13所示。

图 6-12　添加音频剪辑

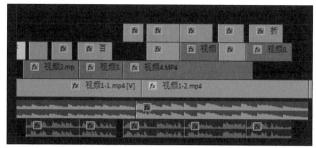

图 6-13　设置剪辑的标签颜色

步骤 05　在"项目"面板中双击"朗诵"音频素材，在"源"面板中预览素材，为音频的第一句话标记入点和出点，如图6-14所示。

步骤 06　拖动"仅拖动音频"按钮 到序列的A3轨道上，调整音频剪辑的位置，与A2轨道上的音频进行对位，使朗诵的音频代替视频原声，如图6-15所示。

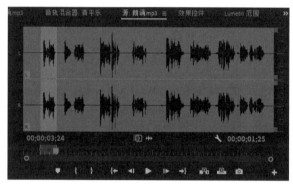

图 6-14　标记入点和出点

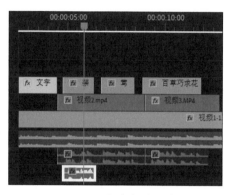

图 6-15　添加音频并调整位置

步骤 07　采用同样的方法，在A3轨道上添加其他朗诵音频剪辑，然后选中A2轨道上的所有视频原声音频并按【Shift+E】组合键将其禁用，如图6-16所示。

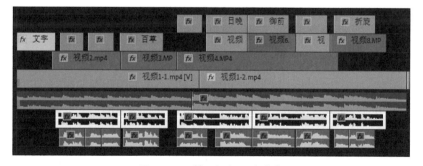

图 6-16　禁用视频原声音频

✎ 经验之谈

　　在剪辑短视频时，经常需要解决音频或视频剪接点偏移的问题。在播放时如果一个视频剪辑的音频出现在另一个视频剪辑的画面中，会让人感觉从一个场景进入了另一个场景。处理的方法很简单，只需使用"滚动编辑工具" 向左或向右微调音频剪辑点的位置即可。

↘ 活动三　录制音频

　　下面将介绍如何使用 Premiere 录制音频，除了可以录制话筒声音外，还可以录制 PC 端正在播放的音频，具体操作方法如下。

步骤01 单击"编辑"｜"首选项"｜"音频硬件"命令，弹出"首选项"对话框，在"默认输入"下拉列表框中选择音频输入设备，如图6-17所示。

图6-17　设置音频默认输入设备

步骤02 在对话框左侧选择"音频"选项，在右侧选中"时间轴录制期间静音输入"复选框，该设置可以避免录音时出现回音，然后单击"确定"按钮，如图6-18所示。

步骤03 新建序列，在时间轴头部用鼠标右键单击A1轨道，选择"画外音录制设置"命令，如图6-19所示。

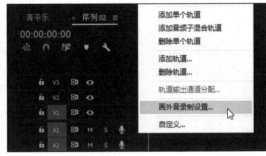

图6-18　设置时间轴录制期间静音输入　　　　图6-19　选择"画外音录制设置"命令

步骤04 在弹出的对话框中输入音频名称，在"源"下拉列表中选择"立体声混音（Realtek（R）Audio）"选项，设置录制系统声音，如图6-20所示。

步骤05 设置"预卷"和"过卷"时间、是否启用"倒计时声音提示"等选项，然后单击"关闭"按钮，如图6-21所示。

图6-20　设置录制系统声音　　　　　　　　图6-21　录制设置

步骤06 单击A1轨道上的"画外音录制"按钮🎤，等待倒计时结束后即可开始录制系统中的声音，在"节目"面板中可以看到"正在录制"字样，此时在系统中播放带有音频的媒体文件（如在线视频、音乐等）即可，如图6-22所示。

步骤 07 在"节目"面板中单击"停止"按钮▣或按空格键停止录音，此时在序列中即可看到录制的音频，如图6-23所示。

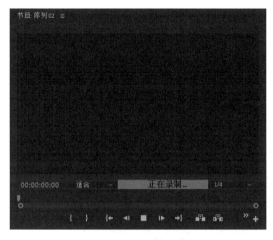

图 6-22 开始录音

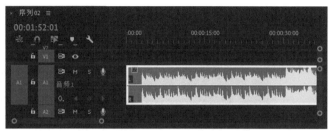

图 6-23 完成录音

步骤 08 打开"项目"面板，找到录制的音频素材并双击，如图6-24所示。

图 6-24 双击音频素材

步骤 09 在"源"面板中预览素材，在音频中标记入点和出点，选择要使用的部分，然后拖动"仅拖动音频"按钮╫到序列中，如图6-25所示。

步骤 10 将音频拖至A1轨道上"视频9"剪辑的下方，为后面的视频剪辑添加背景音乐，然后根据背景音乐修剪视频剪辑，如图6-26所示。

图 6-25 标记并拖动音频

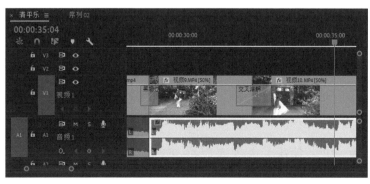

图 6-26 添加音频

↘ 活动四　监控音频

在"时间轴"面板右侧有一个"音频仪表"面板，当播放音频时，该面板中的绿色长条会上下浮动，显示序列的总混音输出音量。

"音频仪表"面板的刻度单位是"分贝"（dB），默认范围是从0dB ～ –60dB，分贝越小，音量越低。当分贝值在 –12dB 刻度上下浮动时，表示音频的音量是合理的；当分贝值超出 0dB 时，容易引起爆音现象，音频仪表的最上方将出现表示警告的红色粗线。

在音频轨道头部单击"静音轨道"按钮 <kbd>M</kbd>，可以设置该音频轨道静音。单击"独奏轨道"按钮 <kbd>S</kbd>，可以将其他音频轨道设置为静音，如图 6-27 所示。

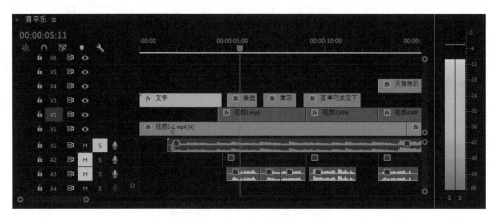

图 6-27　单击"独奏轨道"按钮

↘ 活动五　调整音量

在 Premiere 中编辑短视频音频时，有些视频剪辑人员觉得自己听到的声音音量就是该短视频最终的音量，但当把短视频上传到短视频平台或放到其他设备上播放时，发现短视频的音量与自己原本听到的音量并不一致。这就需要在编辑音频时将音量调整到合适的大小。

1. 调整剪辑音量

下面将介绍如何调整音频剪辑的音量，具体操作方法如下。

步骤 01 在"时间轴"面板中双击A1轨道将其展开，按空格键播放音频，向上或向下拖动音频剪辑中的控制柄，即可增大或减小剪辑音量，在"音频仪表"面板中可以实时查看调整后的音量大小，如图6-28所示。

步骤 02 默认音量调整的最大级别为6 dB，若要更改此设置，可以单击"编辑"|"首选项"|"音频"命令，在弹出的对话框中更改"大幅音量调整"文本框中的数值即可，如图6-29所示。

步骤 03 在"时间轴"面板中选中音频剪辑，打开"效果控件"面板，在"音量"选项中调整"级别"参数，即可调整剪辑音量，如图6-30所示。

步骤 04 打开"音频剪辑混合器"面板，拖动"音频1"轨道上的音量滑块，即可调整音量级别，如图6-31所示。

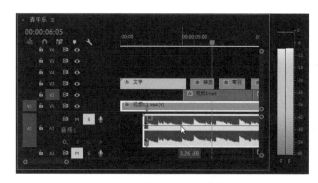

图 6-28　拖动控制柄调整音量

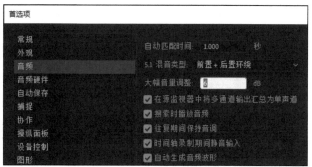

图 6-29　设置"大幅音量调整"参数

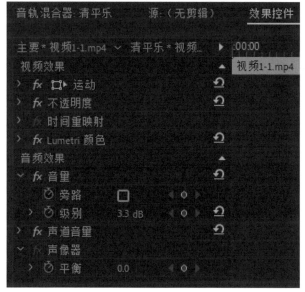

图 6-30　调整"级别"参数

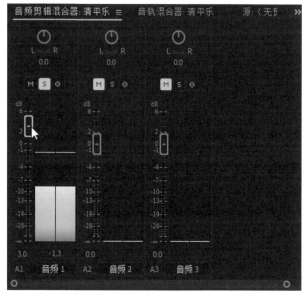

图 6-31　拖动音量滑块

2. 调整音频增益

通过设置"音频增益"可以调整剪辑的音量，还可以在"项目"面板或"时间轴"面板中将音频增益调整一次性应用到多个剪辑上，具体操作方法如下。

步骤01 在"源"面板中打开"demo"视频素材，并切换到音频波形视图中，用鼠标右键单击音频，选择"音频增益"命令，如图6-32所示。

步骤02 在弹出的"音频增益"对话框中可以看到当前"峰值振幅"为-4.3dB，选中"调整增益值"单选按钮，设置值为4.3dB，即可将其"峰值振幅"设置为0dB，然后单击"确定"按钮，如图6-33所示。

步骤03 在序列中选中A3轨道上的音频剪辑，然后用鼠标右键单击所选剪辑，选择"音频增益"命令，如图6-34所示。

步骤04 弹出"音频增益"对话框，选中"标准化所有峰值为"单选按钮，设置值为-5dB，然后单击"确定"按钮，如图6-35所示。

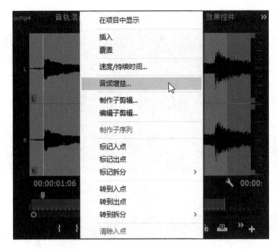

图 6-32 选择"音频增益"命令

图 6-33 调整增益值

图 6-34 选择"音频增益"命令

图 6-35 设置标准化所有峰值

在"音频增益"对话框中，各选项的含义如下。

● **将增益设置为**：用于设置总的调整量，即将增益设置为某一特定值，该值始终更新为当前增益，即使未选择该选项且该值显示为灰色也是如此。

● **调整增益值**：用于设置单次调整的增量。此选项允许用户将增益调整为+dB或−dB，"将增益设置为"中的值会自动更新，以反映应用于该剪辑的实际增益值。

● **标准化最大峰值为**：用于设置选定剪辑的最大峰值。若选定多个剪辑，则将它们视为一个剪辑，找到并设置最大峰值。

● **标准化所有峰值为**：用于设置每个选定剪辑的最大峰值，常用于统一不同剪辑的最大峰值。

3. 使用关键帧调整音量

除了对音频剪辑的音量进行整体调整外，视频剪辑人员还可以利用音量关键帧调整音频剪辑局部音量的大小，具体操作方法如下。

步骤 01 在"时间轴"面板中展开背景音乐所在的A1轨道，在按住【Ctrl】键的同时单击音轨控制柄，即可添加音量关键帧。在要将降低音量的位置添加两个关键帧，如图6-36所示。

步骤 02 在已有关键帧的左、右两侧各添加一个音量关键帧，如图6-37所示。

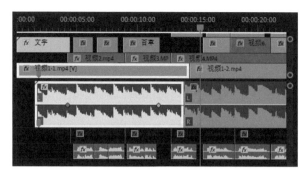

图 6-36 添加音量关键帧

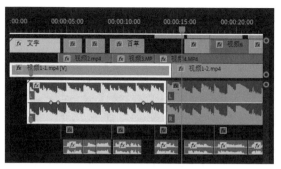

图 6-37 在左右两侧添加音量关键帧

步骤 03 分别向下拖动中间的两个音量关键帧，以降低该区域的音量，如图6-38所示。

如果要删除所有音版关键帧，可以按【P】键调用钢笔工具，在背景音乐剪辑中拖动鼠标框选所有音量关键帧，如图 6-39 所示，然后按【Delete】键即可。

图 6-38 降低区域音量

图 6-39 框选所有音量关键帧

视频剪辑人员还可以在播放音频的同时根据音频效果调整音量，让 Premiere 自动添加音量关键帧。打开"音频剪辑混合器"面板，在"音频 1"轨道上单击"写关键帧"按钮，如图 6-40 所示。按空格键播放音频，在音频播放过程中，根据需要在"音频剪辑混合器"面板中拖动"音频 1"轨道上的音量滑块，即可自动添加音量关键帧。再次按空格键暂停播放，在"时间轴"面板中查看自动添加的音量关键帧，如图 6-41 所示。

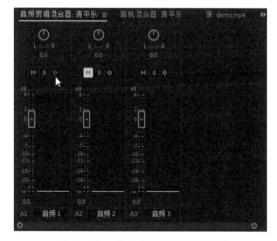

图 6-40 单击"写关键帧"按钮

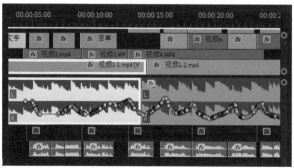

图 6-41 自动添加音量关键帧

如果觉得自动生成的音量关键帧过多，可以更改音量关键帧的最小时间间隔。单击"编辑"｜"首选项"｜"音频"命令，在弹出的"首选项"对话框中选中"减少最小时间间隔"复选框，设置"最小时间"为 300 毫秒（默认为 20 毫秒），如图 6-42 所示。重新播放视频，并通过"音频剪辑混合器"面板在音频剪辑中自动添加音量关键帧，可以看到音量关键帧的数量已明显减少，如图6-43所示。

图6-42　设置最小时间间隔　　　　　　　　图6-43　优化音量关键帧数量

4. 调整音频轨道音量

音频轨道音量与音频剪辑音量的调整是相互独立的，所以在对音频剪辑进行移动、替换、剪辑、调整音量等操作时不会影响音频轨道音量。下面将介绍如何调整音频轨道音量，具体操作方法如下。

步骤 01 双击A1轨道将其展开，单击"显示关键帧"下拉按钮，选择"轨道关键帧"｜"音量"选项，如图6-44所示。

步骤 02 此时即可切换为轨道音量关键帧，在音频轨道开始位置添加两个关键帧，并将第1个关键帧拖至最下方，使其音量降为0，即可设置音频的淡入效果，如图6-45所示。轨道音量设置完成后，将A1轨道上的关键帧重新切换为剪辑关键帧。

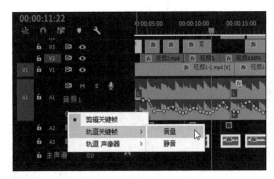

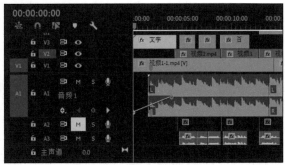

图6-44　选择"音量"选项　　　　　　　　图6-45　添加并调整音量关键帧

✏️ **经验之谈**

要调整整个音频轨道的音量，还可以打开"音轨混合器"面板，其中显示了所有音频轨道，找到要调整音量的音频轨道，拖动音量滑块进行调整即可。此外，单击"音轨混合器"面板左上方的"显示/隐藏效果和发送"按钮，在打开的灰色面板中单击"效果选择"下拉按钮，在弹出的下拉列表中可以为音频轨道添加多种音频效果。

任务二　设置音频效果

尽管小艾觉得自己剪辑的短视频接近完美，但她仍不放心，于是发给同事小赵观看。小赵觉得短视频的音频效果仍然有些瑕疵，部分音频过渡得不是很顺畅，而且有细微的噪声，人物在讲话时背景音乐声量过大，影响了人声传达的效果。另外，短视频中的女声听起来有些低沉，可以进行变调处理，提升其音调。小艾接受了小赵的建议，马上着手进行修改。

↘ 活动一　添加音频过渡效果

下面将介绍如何为短视频添加音频过渡效果，以平滑音频剪辑之间的变化，避免生硬的音频切换，具体操作方法如下。

步骤 01 在"效果"面板中展开"音频过渡"｜"交叉淡化"效果组，选择"恒定功率"效果，如图6-46所示。

步骤 02 将"恒定功率"效果添加到A1轨道上两个音频剪辑的组接位置，并将该效果与前一个音频剪辑的终点对齐，如图6-47所示。

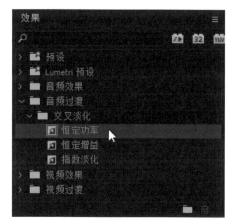

图6-46　选择"恒定功率"效果

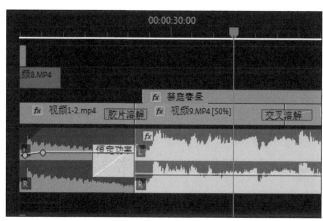

图6-47　添加"恒定功率"效果

音频过渡"交叉淡化"效果组中提供了3种风格的效果，分别如下。

● **恒定功率**：在两个音频剪辑之间创建一种平滑的渐变过渡，与视频剪辑之间的溶解过渡类似。在效果开始时首先缓慢降低第1个音频剪辑，然后快速接近过渡的末端。对于第2个音频剪辑，首先快速增加音频，然后缓慢地接近过渡的末端。

● **恒定增益**：在音频剪辑之间使用恒定音频增益（音量）来过渡音频，但有时可能听起来会比较生硬。

● **指数淡化**：在两个音频剪辑之间创建非常平滑的淡化效果。在音频过渡时会淡出位于平滑的对数曲线上方的第1个音频剪辑，同时自下而上淡入同样位于平滑对数曲线上方的第2个音频剪辑。该效果也常用作音频剪辑单侧过渡效果。

↘ 活动二　降低噪声和混响

下面将介绍如何降低音频中的噪声，以及如何添加混响效果，具体操作方法如下。

步骤 01 在序列中选中A3轨道上的所有音频剪辑，如图6-48所示。

步骤 02 打开"基本声音"面板，单击"对话"按钮，将所选音频剪辑设置为"对话"音频类型，如图6-49所示。

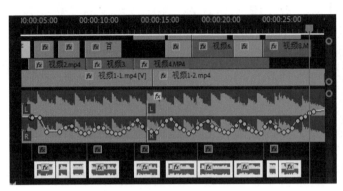

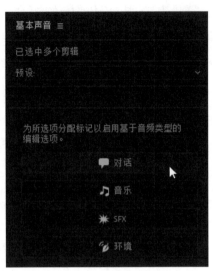

图 6-48 选择音频剪辑　　　　　　　　　　　图 6-49 设置音频类型

步骤 03 进入"对话"编辑界面，在"预设"下拉列表框中选择"清理嘈杂对话"选项，可以进行音频降噪，并自动标准化音量响度，如图6-50所示。

步骤 04 选中"修复"复选框，调整"减少杂色""降低隆隆声""消除嗡嗡声""消除齿音""减少混响"等参数，如图6-51所示。

步骤 05 展开"透明度"选项，其中提供了3种提高对话质量的方法，"动态"用于增加或减少音频的动态范围，"EQ"用于以不同的频率恰当地应用幅度（音量）调整，"增强语音"用于以恰当的频率提高语音清晰度，根据需要进行设置，如图6-52所示。

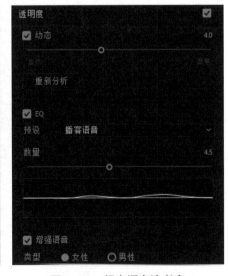

图 6-50 选择音频预设　　　　图 6-51 修复音频　　　　图 6-52 提高语音清晰度

步骤 06 展开"创意"选项，为音频添加混响效果，以增加真实的现场感，如图6-53所示。

步骤 07 展开"剪辑音量"选项，调整音量级别，增加剪辑音量，在此调整音量不会造成音量扭曲变形的问题，如图6-54所示。

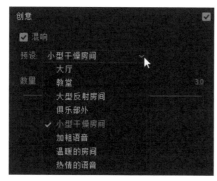

图 6-53　添加混响效果

图 6-54　调整剪辑音量

↘ 活动三　设置音乐自动回避

在短视频中制作混音时，最常见的处理就是在有人讲话的时候降低音乐音量。利用"回避"功能可以在包含对话的短视频中自动降低背景音乐的音量，以突出人声，具体操作方法如下。

步骤01 在"时间轴"面板中选中A1轨道上的音频剪辑，在"基本声音"面板中单击"音乐"按钮，如图6-55所示。

步骤02 进入"音乐"选项卡，选中"回避"选项右侧的复选框，启用"回避"功能，设置"回避依据""敏感度""降噪幅度""淡化"等参数，然后单击"生成关键帧"按钮，如图6-56所示。

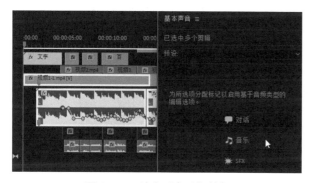

图 6-55　单击"音乐"按钮

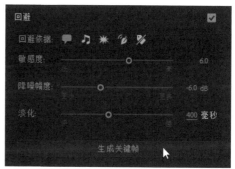

图 6-56　设置"回避"参数

步骤03 此时即可在背景音乐中自动添加音量关键帧，在覆盖"对话"音频的背景音乐区域将自动降低音量，效果如图6-57所示。

图 6-57　查看"回避"效果

在"回避"选项中，各参数的含义如下。

● **回避依据：** 用于选择要回避的音频内容类型对应的图标，包括"对话""音乐""声音效果""环境"或未标记的剪辑。

- **敏感度**：用于调整回避触发的阈值。敏感度设置得越高或越低，调整越少，但重点是分别保持较低或较响亮的音乐轨道。中间范围的敏感度值可以触发更多调整，使音乐会在语音暂停期间快速进出。
- **降噪幅度**：用于选择将音乐剪辑的音量降低多少。
- **淡化**：用于控制触发时音量调整的速度。如果快节奏的音乐与语音混合，则较快的淡化比较理想；如果在画外音轨道后面回避背景音乐，则较慢的淡化更为合适。

活动四 制作变调效果

Premiere 的"效果"面板中提供了大量的音频效果，使用其中的"音高换挡器"效果可以使音频达到变调的效果，具体操作方法如下。

步骤 **01** 在"效果"面板中搜索"音高"，然后将"音高换挡器"效果拖至"时间轴"面板中的音频剪辑上，如图6-58所示。

步骤 **02** 在"效果控件"面板中展开"音高换挡器"效果中的"各个参数"选项，然后拖动滑块调整变调比率，向右拖动滑块可以使声音变得尖锐，向左拖动滑块可以使声音变得低沉，在此调整"变调比率"为1.07，如图6-59所示。在调整音频效果参数时，可以播放音频实时查看效果。

图 6-58 添加"音高换挡器"效果　　图 6-59 调整变调比率

步骤 **03** 在"音高换挡器"效果中单击"编辑"按钮，在弹出的对话框中选中"高精度"单选按钮，然后关闭对话框，如图6-60所示。

步骤 **04** 在"效果控件"面板中复制"音高换挡器"效果，然后在序列中选中要应用该效果的音频剪辑，按【Ctrl+V】组合键粘贴效果即可，如图6-61所示。

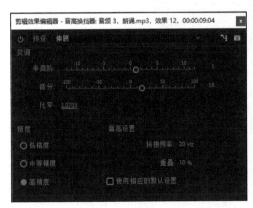

图 6-60 选择精度

图 6-61 粘贴"音高换挡器"效果

同步实训

为"辣炒年糕"短视频添加与编辑音频。

打开"素材文件\项目六\同步实训\辣炒年糕.prproj"项目文件，对视频素材进行重新剪辑，然后添加背景音乐和视频原声，并对音频进行编辑。

1. 剪辑视频素材

创建序列，对视频素材进行重新剪辑，只保留重要的片段，删除冗余的部分。

2. 添加音频剪辑

为视频剪辑匹配原声音频剪辑，添加背景音乐，并根据音乐节奏调整音频剪辑。

3. 调整音量

监控短视频的音量，根据需要调整视频原声音量和背景音乐音量，并设置背景音乐自动回避人声。

4. 设置音频效果

为音频剪辑添加过渡效果，对视频原声进行优化，如降噪、变调等。

项目七
添加与编辑字幕

 **职场情境**

在编辑处理完视频效果、转场特效、视频调色、添加音频等环节后，小艾总觉得视频中还缺少一些东西。在看过其他短视频作品后，小艾这才发现自己的短视频还没有添加字幕。字幕能够帮助观众节省接收信息的时间，使其更好地理解视频所要表达的意思，能给观众带来更好的观看体验。于是，小艾开始投入制作短视频字幕的工作中。

学习目标

= 知识目标 =

1. 掌握使用文字工具添加与编辑字幕的方法。
2. 掌握使用旧版标题添加与编辑字幕的方法。
3. 掌握制作各种字幕效果的方法。

= 技能目标 =

1. 学会使用文字工具添加字幕，制作文字动画。
2. 学会使用旧版标题创建字幕素材并添加字幕。
3. 学会制作文字消散、文字遮挡出现、文字打字动画等字幕效果。

= 素养目标 =

1. 坚定理想信念，在短视频创作中树立正确的事业观与价值观。
2. 通过短视频增强生态文明观念，投身生态文明建设。

任务一　使用文字工具添加与编辑字幕

使用文字工具添加字幕的操作主要包括设置文字样式、保存文本样式、制作文字动画、锁定文本持续时间等，这些是添加与编辑字幕的基本操作。

↘ 活动一　添加文字并设置样式

下面使用文字工具为视频添加文字并设置样式，具体操作方法如下。

步骤 01 打开"素材文件\项目七\添加文字.prproj"项目文件，打开序列，将播放滑块移至要添加文字的位置，如图7-1所示。

步骤 02 按【T】键调用"文字工具"■，在"节目"面板中要添加文字的位置单击即可创建文本剪辑，然后输入所需的文字，如图7-2所示。

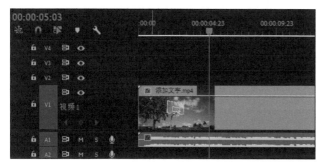

图 7-1　定位播放滑块位置　　　　　　　　　　图 7-2　输入文字

步骤 03 在菜单栏中单击"窗口"｜"基本图形"命令，打开"基本图形"面板，选择"编辑"选项卡，选中文本图层，在"对齐并变换"组中设置文本的位置参数为1458.0、293.0，如图7-3所示。

步骤 04 在"文本"组中设置字体、大小、对齐方式、字距、填充、描边、阴影等文本样式，如图7-4所示。

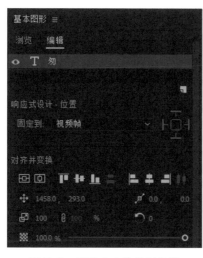

图 7-3　设置文本的位置参数　　　　　　　　图 7-4　设置文本样式

步骤 05 在序列中按住【Alt】键的同时将文本剪辑复制到V3轨道上，如图7-5所示。

步骤 06 在"基本图形"面板中调整文本的位置和大小，在"节目"面板中预览效果，如图7-6所示。

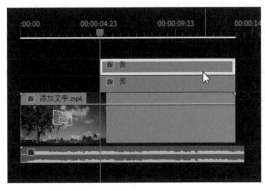

图 7-5　复制文本剪辑

图 7-6　调整文本位置和大小

步骤 07 在"工具"面板中长按"文字工具" ，在弹出的菜单中选择"垂直文字工具" ，如图7-7所示。

步骤 08 在序列中取消选择文本剪辑，然后在"节目"面板中单击创建垂直文本框，并输入垂直文字，如图7-8所示。

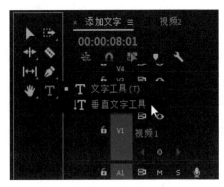

图 7-7　选择"垂直文字工具"

图 7-8　输入垂直文字

✏ 经验之谈

　　在创建新的文本剪辑时，应确保序列中当前的文本剪辑没有处于选中状态。如果有文本剪辑处于选中状态，新建的文本就会添加到选中的文本剪辑中。为了更好地控制文本布局，还可以创建段落文本。使用文字工具在"节目"面板中拖动即可创建段落文本框，这样当输入的文本达到文本框边缘时会自动换行。

↘ 活动二　保存文本样式

　　在为文本设置了一个自己喜欢的样式后，可以将其保存为文本样式，以便下次使用或为序列中的文本剪辑统一样式。保存文本样式的具体操作方法如下。

步骤 01 在序列中选中V2轨道上的"匆"文本剪辑，如图7-9所示。

步骤 02 在"基本图形"面板的"主样式"组中单击下拉按钮，选择"创建主文本样式"选项，如图7-10所示。

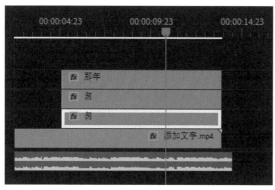

图 7-9 选中文本剪辑   图 7-10 选择"创建主文本样式"选项

步骤 03 在弹出的对话框中输入样式名称，然后单击"确定"按钮，如图7-11所示。采用同样的方法，为V3轨道上的文本剪辑创建"匆（小字）"样式。

步骤 04 此时，在"项目"面板中即可看到创建的文本样式，如图7-12所示。如果文本剪辑的样式不小心被修改，只需将该样式拖至文本剪辑上即可还原样式。

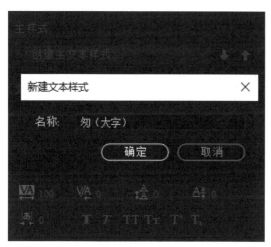

图 7-11 输入样式名称   图 7-12 查看创建的样式

↘ 活动三 制作文字动画

下面通过"效果控件"面板为视频中的文字制作所需的动画，具体操作方法如下。

步骤 01 在序列中选中V2轨道上的文本剪辑，在"效果控件"面板中选中"矢量运动"效果，如图7-13所示。

步骤 02 此时在"节目"面板中可以看到"矢量运动"效果的控制框和锚点，拖动锚点图标⊕至文字"匆"的中心，如图7-14所示。

步骤 03 在"效果控件"面板中将播放滑块移至最左侧，在"矢量运动"效果中启用"缩放"动画，在按住【Shift】键的同时按4次【→】键，将播放滑块向右移动20帧，添加第2个"缩放"关键帧。将播放滑块移至第1个关键帧位置，设置"缩放"参数为120.0，即可制作文字缩小动画。在"不透明度"效果中添加两个"不透明度"关键帧，设置"不透明度"参数分别为0.0%、100.0%，如图7-15所示。

步骤 04 在"节目"面板中预览文字动画效果，如图7-16所示。

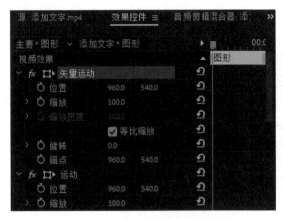

图7-13 选中"矢量运动"效果

图7-14 调整锚点位置

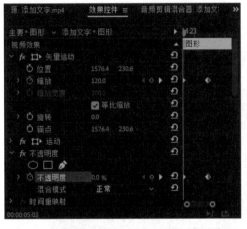

图7-15 编辑"缩放"和"不透明度"动画

图7-16 预览文字动画效果

步骤 **05** 在序列中将V3轨道上的文本剪辑删除，然后将V2轨道上的文本剪辑复制到V3轨道上，如图7-17所示。

步骤 **06** 在"节目"面板中调整V3轨道上文本的位置，如图7-18所示。

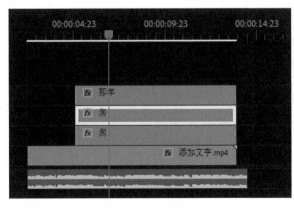

图7-17 复制文本剪辑

图7-18 调整文本位置

步骤 **07** 在"基本图形"面板的"主样式"组中单击下拉按钮，选择所需的文本样式，如图7-19所示。

步骤 **08** 在"节目"面板中预览"匆匆"二字的动画效果，如图7-20所示。

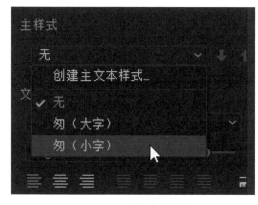

图 7-19　选择文本样式

图 7-20　预览动画效果

步骤 09 在序列中选中V4轨道上的"那年"文本剪辑，采用同样的方法在"效果控件"面板的"矢量运动"效果中编辑文字缩小动画，两个"缩放"关键帧的距离为30帧，如图7-21所示。

步骤 10 在"文本"效果中单击"创建椭圆形蒙版"按钮 ◎ 创建蒙版，如图7-22所示。

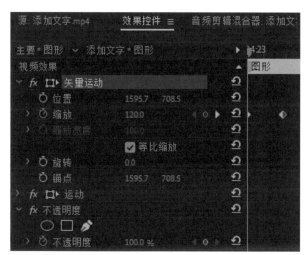

图 7-21　编辑文字缩小动画

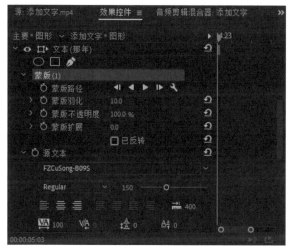

图 7-22　创建蒙版

步骤 11 在"节目"面板中调整蒙版路径和蒙版羽化，如图7-23所示。

步骤 12 在文本蒙版中启用"蒙版路径"动画，将播放滑块向右移动40帧，添加第2个关键帧，然后将播放滑块移至第1个关键帧位置，选中"蒙版（1）"蒙版，如图7-24所示。

图 7-23　调整蒙版

图 7-24　启用"蒙版路径"动画

步骤 13 在"节目"面板中将文字蒙版向上拖动移出文字，即可制作文本自上而下逐渐显示的动画效果，如图7-25所示。

步骤 14 在序列中选中V3轨道上的文本剪辑，然后按住【Shift+Alt】组合键的同时按一次【→】键，将剪辑向右移动5帧。采用同样的方法，将V4轨道上的文本剪辑向右移动10帧，使3个文本剪辑逐个显示，如图7-26所示。

图 7-25　调整蒙版位置

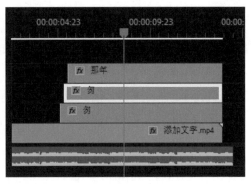
图 7-26　移动文本剪辑

步骤 15 在"节目"面板中预览文本动画效果，如图7-27所示。

图 7-27　预览文本动画效果

活动四　锁定文本持续时间

在序列中对文本剪辑的长度进行修剪时，会将文本剪辑开始或结束位置的动画修剪掉或移动动画位置。为了避免这种情况出现，可以锁定文本开场和结尾的持续时间，具体操作方法如下。

步骤 01 在序列中选中V2轨道上的文本剪辑，在"效果控件"面板中时间轴视图的左上方拖动控制柄，调整文本开场持续时间到关键帧动画的结束位置，如图7-28所示。采用同样的方法，为其他文本剪辑锁定开场持续时间。

步骤 02 在序列中对文本剪辑的长度进行修剪，可以看到文本开场的动画始终保持不变，如图7-29所示。采用同样的方法，可以对文本剪辑的结尾持续时间进行锁定。

经验之谈

如果经常要制作同样的文本动画效果，可以将添加了动画效果的文本剪辑导出为图形模板。方法如下：在序列中选中文本或图形剪辑，在菜单栏中单击"图形"|"导出为动态图形模板"命令，在弹出的对话框中输入名称并选择保存位置，单击"确定"按钮。在"基本图形"面板中选择"浏览"选项卡，在本地模板列表中即可找到导出的图形模板，将该模板直接拖至序列中即可使用。

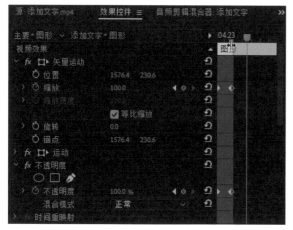

图 7-28 锁定文本开场持续时间

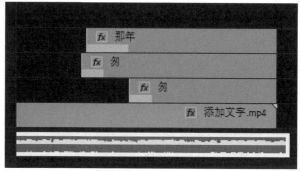

图 7-29 查看锁定文本持续时间效果

任务二 使用旧版标题添加与编辑字幕

小艾想为短视频添加有特色、有创意的字幕,同事建议她使用旧版标题。在 Premiere 中旧版标题是一个字幕设计器,使用它可以完成各种文字与图形的创建和编辑操作。虽然使用新版的"基本图形"功能可以很方便地添加字幕,但"旧版标题"字幕功能还有些不能完全被取代的特色,如制作花字、制作路径文字、制作创意标题等。

↘ 活动一 使用旧版标题创建字幕素材

下面将介绍如何使用旧版标题创建字幕素材,具体操作方法如下。

步骤 01 打开"素材文件\项目七\情感短视频.prproj"项目文件,在"项目"面板中双击"情感短视频"序列,在"时间轴"面板中将其打开,然后将播放滑块移至第1个视频剪辑中,如图7-30所示。

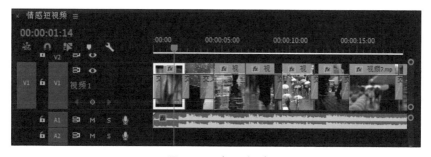

图 7-30 打开序列

步骤 02 在菜单栏中单击"文件"|"新建"|"旧版标题"命令,在弹出的"新建字幕"对话框中输入名称,然后单击"确定"按钮,如图7-31所示。

步骤 03 打开旧版标题字幕设计器,单击面板菜单按钮 ≣,在弹出的列表中依次选择"工具""样式""动作""属性"等命令,让"字幕"面板中显示这些面板,如图7-32所示。

步骤 04 在"旧版标题样式"面板中选择所需的文本样式,然后在"工具"面板中选择"文字工具" T,在画面中单击输入所需的文字,并在上方设置字体格式、对齐方式等,在"动作"面板中单击"水平居中对齐"按钮 ⊡,如图7-33所示。

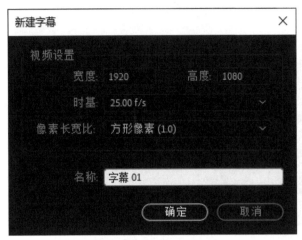

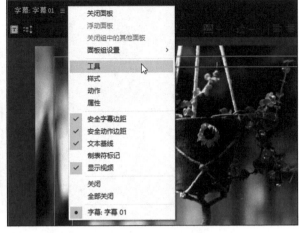

图 7-31　"新建字幕"对话框　　　　　　　图 7-32　设置显示各面板

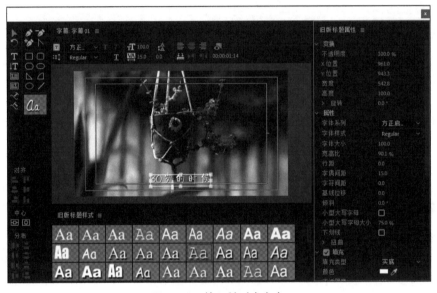

图 7-33　输入并对齐文字

步骤 **05** 在"旧版标题属性"面板中展开"属性"组，设置字体大小、字符间距等，如图7-34所示。

步骤 **06** 选中并展开"填充"组，在"填充类型"下拉列表框中选择"线性渐变"选项，然后设置颜色、角度等参数，如图7-35所示。

图 7-34　设置文本格式　　　　　　　图 7-35　设置填充格式

步骤 07 在"旧版标题样式"面板中用鼠标右键单击空白位置，选择"新建样式"命令，在弹出的对话框中输入样式的名称，单击"确定"按钮，即可为当前选中的文本创建样式，如图7-36所示。

步骤 08 在"旧版标题样式"面板中找到创建的文本样式并用鼠标右键单击，在弹出的快捷菜单中可以为文本应用样式，或应用带字体大小的样式，或仅应用样式颜色，如图7-37所示。

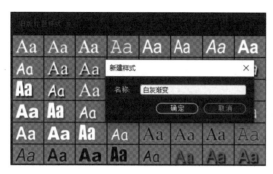

图 7-36　新建样式

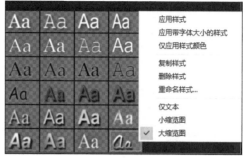

图 7-37　应用样式

步骤 09 使用矩形工具绘制矩形形状，并设置不透明度为30.0%，用鼠标右键单击矩形形状，选择"排列"｜"移到最后"命令，如图7-38所示。

步骤 10 此时即可更改矩形形状的排列顺序，使其变为文字的背景，如图7-39所示。

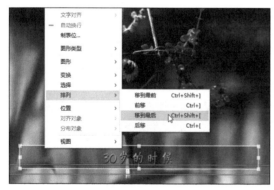

图 7-38　选择"移到最后"命令

图 7-39　更改形状的排列顺序

步骤 11 在"字幕"面板左上方单击"基于当前字幕新建字幕"按钮🔲，在弹出的对话框中输入名称，然后单击"确定"按钮，如图7-40所示。

步骤 12 根据需要修改文字内容，如图7-41所示。采用同样的方法，创建其他字幕素材。

图 7-40　基于当前字幕新建字幕

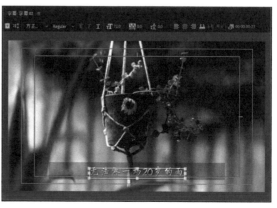

图 7-41　修改文字内容

↘ 活动二　为短视频添加字幕素材

下面将介绍如何为短视频快速添加创建的字幕素材，具体操作方法如下。

步骤 01 在序列中双击音频素材，在"源"面板中将其打开，在音频中每句话的开始位置添加标记，如图7-42所示。

步骤 02 在序列中音频标记的相应位置添加标记，如图7-43所示。

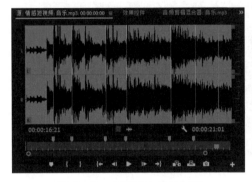

图 7-42　在音频中添加标记　　　　　　　　　　图 7-43　在序列中添加标记

步骤 03 在序列中V1轨道头部单击"切换轨道锁定"按钮■，锁定该轨道。在"项目"面板中选中所有字幕素材，单击"自动匹配序列"按钮■，如图7-44所示。

步骤 04 弹出"序列自动化"对话框，在"顺序"下拉列表框中选择"选择顺序"选项，在"放置"下拉列表框中选择"在未编号标记"选项，在"方法"下拉列表框中选择"覆盖编辑"选项，然后单击"确定"按钮，如图7-45所示。

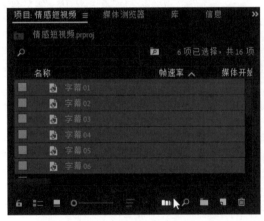
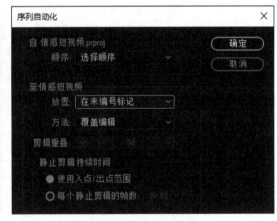

图 7-44　单击"自动匹配序列"按钮　　　　　　　图 7-45　设置序列自动化

步骤 05 此时，即可将字幕素材自动添加到序列中的标记位置，如图7-46所示。

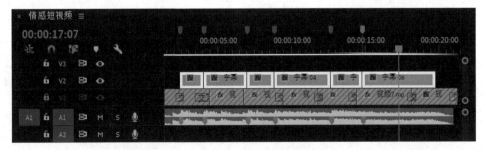

图 7-46　自动添加字幕素材

步骤 06 在"节目"面板中预览字幕效果，如图7-47所示。

图7-47 预览字幕效果

素养小课堂

作为新时代的青年，我们在学习的过程中要树立远大理想，因为理想信念是鼓舞和激励人奋勇前行的不竭动力，是我们成就事业的重要基础。没有理想就没有目标，没有信念就没有实现目标的动力。但理想不是空想，需要付诸行动和实践，找准奋斗方向，否则一切努力只会付诸东流。

任务三 制作字幕效果

在短视频中添加字幕后，小艾想为字幕添加酷炫的效果，这样可以使短视频看起来更精彩。字幕效果多种多样，比较常见的字幕效果有文字消散效果、文字遮挡出现效果、文字打字动画效果等。

↘ 活动一 制作文字消散效果

下面将介绍如何在Premiere中制作文字消散效果，具体操作方法如下。

步骤 01 打开"素材文件\项目七\添加文字.prproj"项目文件，在序列中选中3个文本剪辑，用鼠标右键单击所选剪辑，选择"嵌套"命令，在弹出的对话框中输入嵌套序列的名称"文字"，然后单击"确定"按钮，如图7-48所示。

步骤 02 将"消散"视频剪辑添加到V3轨道上，并将其移至要制作文字消失的位置，如图7-49所示。

步骤 03 在"效果控件"面板中设置"消散"视频剪辑的"缩放"参数为120.0，在"不透明度"效果中设置"混合模式"为"滤色"，如图7-50所示。

步骤 04 在"节目"面板中预览"消散"视频效果，如图7-51所示。

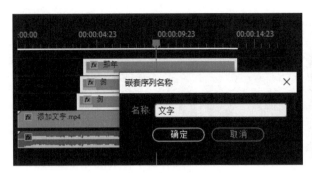

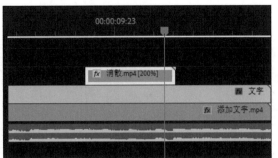

图 7-48 创建嵌套序列   图 7-49 添加"消散"视频剪辑

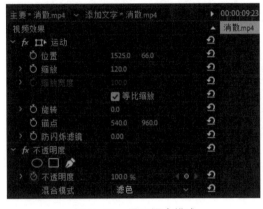

图 7-50 设置混合模式   图 7-51 预览"消散"视频效果

步骤 05 在序列中选中"文字"剪辑，在"效果控件"面板的"不透明度"效果中单击"创建椭圆形蒙版"按钮◎创建蒙版，如图7-52所示。

步骤 06 在"节目"面板中调整蒙版路径和蒙版羽化，如图7-53所示。

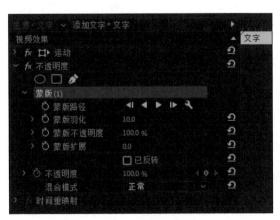

图 7-52 创建蒙版   图 7-53 调整蒙版

步骤 07 在"不透明度"效果中启用"蒙版路径"动画，选中"蒙版（1）"蒙版，如图7-54所示。

步骤 08 在"节目"面板中向下滚动鼠标滚轮，然后根据消散效果覆盖文字的位置调整蒙版路径，如图7-55所示。继续向下滚动鼠标滚轮并调整蒙版路径，直到文字完全消散。

步骤 09 在"节目"面板中预览文字消散效果，如图7-56所示。

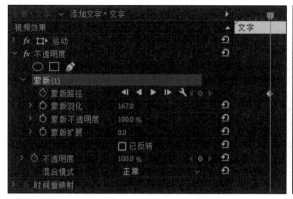

图 7-54 启用"蒙版路径"动画

图 7-55 调整蒙版路径

图 7-56 预览文字消散效果

✏ 经验之谈

　　在制作文字消散效果时，还可以根据需要为文本添加溶解效果。方法如下：为文本剪辑添加"粗糙边缘"视频效果，在"效果控件"面板"粗糙边缘"效果中设置"边缘类型"为"切割"，然后启用并编辑"边框"动画，通过调整"边框"参数即可制作文本溶解效果。

↘ 活动二　制作文字遮挡出现效果

　　下面将介绍如何制作文字遮挡出现效果，具体操作方法如下。

步骤 01 打开"素材文件\项目七\文字遮挡出现.prproj"项目文件，打开"文字遮挡"序列，在V2轨道上添加文本剪辑并设置文本样式，如图7-57所示。

步骤 02 在"节目"面板中预览视频效果，视频内容为人物从红墙前走过，如图7-58所示，此时文字覆盖在人物上方。

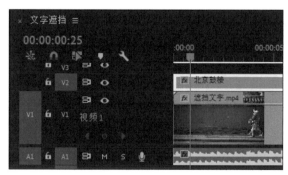

图 7-57 添加文本剪辑

图 7-58 预览视频效果

步骤 03 在序列中将播放滑块移至文字刚好遮挡住人物的位置，将视频剪辑复制到V3轨道上，如图7-59所示。

步骤 04 在"效果控件"面板的"不透明度"效果中单击"钢笔工具"按钮 创建蒙版，如图7-60所示。

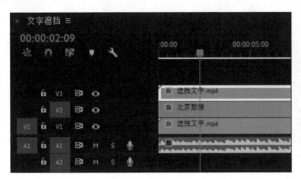

图 7-59　复制视频剪辑

图 7-60　创建蒙版

步骤 05 在"节目"面板中使用钢笔工具绘制蒙版路径，使蒙版路径刚好框住V2轨道上的文字和人物的右边缘，如图7-61所示。

步骤 06 在"不透明度"效果的蒙版中启用"蒙版路径"动画，然后选中"蒙版（1）"，如图7-62所示。

图 7-61　绘制蒙版路径

图 7-62　启用"蒙版路径"动画

步骤 07 在"节目"面板中向下滚动鼠标滚轮，然后调整蒙版的右边缘，使其始终贴合人物的右边缘。采用同样的方法继续操作，直到人物走过文字左侧，如图7-63所示。至此，文字遮挡出现效果制作完毕。

图 7-63　编辑蒙版路径动画

↘ 活动三　制作文字打字动画效果

下面将介绍如何制作文字打字动画效果，具体操作方法如下。

步骤 01 打开"素材文件\项目七\打字效果.prproj"项目文件，打开"打字效果"序列，在V2轨道上添加文本剪辑并设置文本样式，在A2轨道上添加"打字音效"音频剪辑，如图7-64所示。

步骤 02 在"节目"面板中预览视频效果，如图7-65所示。

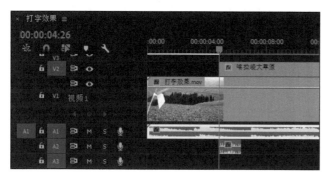

图 7-64　添加文本剪辑和音频剪辑　　　　　图 7-65　预览视频效果

步骤 03 为文本剪辑添加"裁剪"效果，在"效果控件"面板的"裁剪"效果中启用"右侧"动画，设置"右侧"参数为82.0%，使画面中的文本刚好全部被裁剪掉，如图7-66所示。

步骤 04 按【Shift+→】组合键向右移动5帧，设置"右侧"参数为71.0%，使文本只显示第1个字，如图7-67所示。

图 7-66　启用"右侧"动画并设置参数　　　　　图 7-67　设置"右侧"参数

步骤 05 采用同样的方法，将播放滑块依次向右移动5帧，并分别调整"右侧"参数，使文字逐个显示出来，如图7-68所示。

步骤 06 选中所有"右侧"关键帧并用鼠标右键单击，选择"定格"命令，如图7-69所示，即可制作文字打字动画效果。

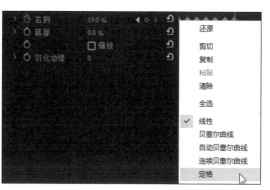

图 7-68　编辑"右侧"动画　　　　　图 7-69　选择"定格"命令

步骤 07 在序列中分别将文本剪辑复制到V3轨道和V4轨道上，然后设置V2轨道上文本的填充颜色为黑色，设置V3轨道上文本的填充颜色为白色，如图7-70所示。

步骤 08 选中V2轨道上的文本剪辑，按住【Alt】键的同时按【←】键，将剪辑向左移动一帧，然后采用同样的方法将V3轨道上的文本剪辑向左移动2帧，如图7-71所示。

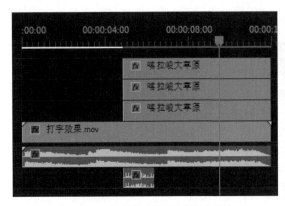

图 7-70 复制剪辑并更改填充颜色　　　　　图 7-71 移动文本剪辑

步骤 09 播放视频，在"节目"面板中预览文字打字动画效果，如图7-72所示。

图 7-72 预览文字打字动画效果

同步实训

实训内容

为"国粹"短视频添加与编辑字幕。

实训描述

打开"素材文件\项目七\同步实训\国粹.prproj"项目文件，在"时间轴"面板中打开序列，使用文字工具为短视频添加相应的字幕，并制作字幕动画。

操作指南

1. 添加音乐并精剪视频

序列中的视频剪辑已经粗剪完成，将"项目"面板中带有歌词的背景音乐素材添加到A1轨道上，然后根据背景音乐对视频剪辑进行修剪，并添加转场效果。

2. 添加并设置文本样式

使用文字工具在"节目"面板中输入第一句歌词文字，打开"基本图形"面板，设置字体、大小、填充、描边、不透明度等文本样式。

3. 制作文本动画

将文本剪辑复制到 V3 轨道上，然后修改文本颜色，将不透明度调整为 100%。在"效果控件"面板的"文本"效果中创建 4 点多边形蒙版，并根据歌词进度编辑蒙版路径动画。

4. 复制并修改字幕

复制制作完成的文本剪辑，并根据歌词内容修改文字，然后根据歌词进度调整蒙版路径动画，完成其他字幕的制作。

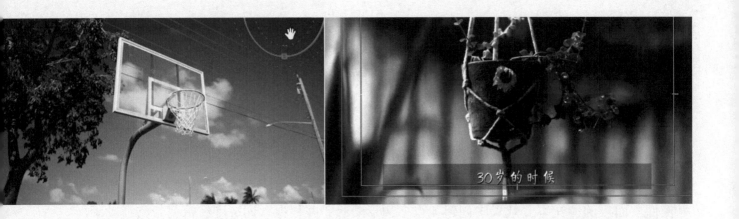

项目八
输出与发布短视频

➡ 职场情境

经过一系列的剪辑、调整操作，小艾完成了一条短视频的制作，她在 Premiere 中重复观看了多次，确认不再修改后，准备输出并发布短视频。这时，同事小赵提醒她在输出和发布短视频作品时不能大意，还需要进行一些设置工作。听了小赵的建议，小艾成功输出并发布了短视频，看到自己的作品获得大量点赞和互动，她很有成就感。

➡ 学习目标

═ 知识目标 ═

1. 掌握输出短视频作品的方法。
2. 掌握发布短视频作品的方法。

═ 技能目标 ═

1. 学会设置导出参数。
2. 学会设置导出范围。
3. 学会裁剪视频画面。
4. 学会制作短视频封面。
5. 学会在 PC 端将短视频发布到抖音平台。

═ 素养目标 ═

1. 自觉树立使命感和责任感，追求正能量创作。
2. 短视频创作要积极反映现实，提高作品的厚度、深度与温度。

任务一　输出短视频作品

经过前期的努力，小艾终于剪出了一条短视频。在输出短视频作品时，她根据自己的发布需求仔细地进行了相关设置，最后成功地导出了令自己满意的作品。

↘ 活动一　设置导出参数

在"时间轴"面板中打开序列，单击"文件"｜"导出"｜"媒体"命令，打开"导出设置"对话框，在左侧可以预览将要导出的视频，在右侧可以设置导出参数，如图 8-1 所示。

图 8-1　"导出设置"对话框

在"导出设置"选项区中，在"格式"下拉列表框中选择"H.264"选项（即 MP4 格式），在"预设"下拉列表框中选择"匹配源 - 高比特率"选项，在"摘要"中查看输出格式是否与序列设置匹配，如图 8-2 所示。

如果序列设置即为导出设置，可以直接选中"与序列设置匹配"复选框。单击"输出名称"选项中的蓝色文字，在弹出的"另存为"对话框中选择导出位置，并输入文件名，然后单击"保存"按钮，如图 8-3 所示。

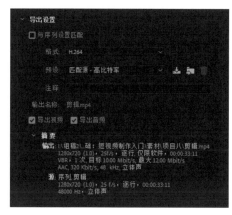

图 8-2　导出设置

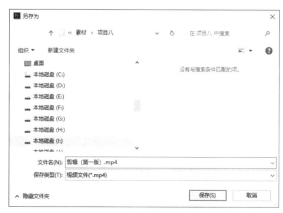

图 8-3　"另存为"对话框

155

单击"导出设置"选项左侧的█按钮折叠相关选项，在其下方选择"效果"选项卡（见图 8-4），从中可以为导出的视频应用多种效果、添加叠加信息和进行自动调整。

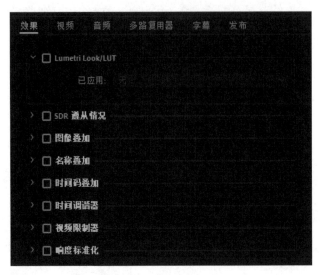

图 8-4 "效果"选项卡

在"效果"选项卡中，各选项的含义如下。

● Lumetri Look/LUT：用于选择Premiere内置的Lumetri颜色预设，或者浏览自定义的外观，将其快速应用到导出的短视频上。

● SDR遵从情况：如果序列是高动态范围的，则可以在该选项下创建一个标准动态范围版本。

● 图像叠加：用于向视频画面中添加一个图像，如公司Logo等，并将其放到画面中合适的位置，图像将会融入视频图像中。

● 名称叠加：用于向视频图像中添加文本叠加，例如，向视频中添加水印或不同版本的标志。

● 时间码叠加：用于在最终视频文件上显示时间码。

● 时间调谐器：用于指定一个新的持续时间或播放速度，范围为-10%～10%。这是通过细调"目标持续时间"或"持续时间更改"实现的（不包括声道）。根据使用的素材不同，最终结果也不同，因此需要测试不同速度并比较最后结果。

● 视频限制器：通常会在序列中使用视频限制器限制源文件的明亮度和颜色值，使它们处于安全广播限制范围内，也可以在输出文件时使用视频限制器。

● 响度标准化：在输出文件的过程中使用响度标度对音频电平做标准化处理。与视频一样，最好在序列中进行调整，也可以在导出期间对响度级别做限制，相当于多了一层安全保障。

选择"视频"选项卡，展开"基本视频设置"选项，默认设置为"匹配源"，也可以取消选择相关设置的复选框，修改相关参数，如图 8-5 所示。展开"比特率设置"选项，设置"目标比特率 [Mbit/s]"为 3（其默认值为 10），如图 8-6 所示。

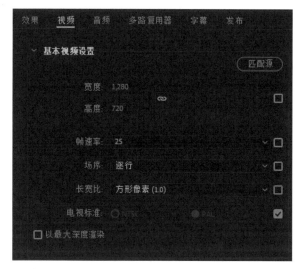

图 8-5　基本视频设置

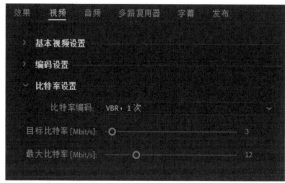

图 8-6　比特率设置

　　一般情况下，视频无须达到 10Mbit/s 码率；如果输出 1080P 的一般高清视频，码率通常在 3000Kbit/s 左右，所以将"目标比特率 [Mbit/s]"调整为 3；如果输出 720P 的视频，则可以调整"目标比特率 [Mbit/s]"为 1.5 ～ 2，具体数值还需根据实际情况调整。降低目标比特率可以压缩视频文件大小，在对话框下方的"估计文件大小"中可以看到文件的大小。

　　在"导出设置"下方设置相关参数，在此不做更改，单击"导出"按钮即可导出短视频，如图 8-7 所示。

图 8-7　单击"导出"按钮

其中，相关参数的含义如下。

● 使用最高渲染质量：当缩放到与源媒体不同的帧大小时，例如，从高分辨率的4K序列导出为低分辨率的1080P或720P格式。该选项可以帮助保留细节，还可以影响缩放、旋转和位置变换在序列中的渲染方式。

● 使用预览：在渲染效果时，Premiere会生成预览文件，预览文件看起来就像是原始素材和效果相结合的结果。当开启该选项之后，预览文件会被用作导出源，这可以避免再次渲染效果，从而节省大量的时间。

● 导入项目中：用于将导出的视频自动导入项目中，便于进行检查或将其用作素材。

● 设置开始时间码：允许指定新的开始时间码。在制作广播电视节目视频时，一般交付要求中会指定一个特定的开始时间码，此时即可使用该选项进行设置。

● 仅渲染Alpha通道：有些后期制作需要用到一个包含Alpha通道（用来记录不透明度）的灰度文件。开启该选项，即可产生这样的灰度文件。

● **时间插值**：当导出媒体的帧速率与源媒体不同时，将使用时间插值。例如，序列的帧速率为30f/s，但希望以60f/s的帧速率导出。

● **元数据**：单击该按钮将打开"元数据导出"面板，在该面板中可以设置版权、创作者、权限管理等相关信息，嵌入水印、脚本、语音转录数据等信息，还可以将元数据导出设置为无，以便删除所有元数据。

↘ 活动二　设置导出范围

在导出短视频时可以导出整个序列，也可以导出序列中指定的部分。设置导出范围的具体操作方法如下。

步骤 01 在"时间轴"面板中打开序列，在序列中将播放滑块移至要导出部分的开始位置并按【I】键设置入点，然后将播放滑块移至要导出部分的结束位置并按【O】键设置出点，即可定义导出范围，如图8-8所示。

步骤 02 在菜单栏中单击"文件"|"导出"|"媒体"命令，打开"导出设置"对话框，在左侧"源"面板中可以看到"源范围"即为在序列中设置的入点和出点，如图8-9所示。

图 8-8　在序列中设置入点和出点

图 8-9　预览导出视频

步骤 03 拖动"设置入点"滑块█或"设置出点"滑块█可以设置新的入点或出点，也可以将播放滑块移至目标位置后按【I】键或【O】键设置入点或出点，如图8-10所示。

图 8-10　设置新的入点和出点

↘ 活动三　裁剪视频画面

若要将短视频导出为不同的帧大小或对视频画面进行裁剪，可以在"导出设置"对话框中对视频画面进行裁剪，具体操作方法如下。

步骤 01 在"导出设置"对话框左侧的"源"选项卡中单击"裁剪输出视频"按钮 ⊡，然后在画面中拖动裁剪框控制手柄裁剪画面，或者在上方输入各裁剪参数进行精确裁剪。在此对画面的上边和下边进行裁剪，如图8-11所示。

步骤 02 选择"输出"选项卡，预览裁剪后的视频效果，如图8-12所示。

图 8-11　裁剪画面

图 8-12　预览裁剪效果

步骤 03 在"导出设置"对话框右侧选择"视频"选项卡，在"基本视频设置"选项区中自定义帧大小，先取消选择帧大小右侧的复选框，然后单击 ▨ 按钮，取消"宽度"和"高度"链接，将"宽度"改为960，"高度"改为720，即设置视频的宽高比为4∶3，在左侧"输出"选项卡中预览视频效果，可以看到视频画面上下出现黑边，如图8-13所示。

图 8-13　更改帧大小

步骤 04 在"输出"选项卡的"源缩放"下拉列表框中选择"缩放以填充"选项，即可自动调整源文件画面大小，使其完全填充输出帧大小，而不出现黑边，但会对画面进行自动裁剪，如图8-14所示。

步骤 05 选择"源"选项卡，单击"裁剪输出视频"按钮 ⊡，在"裁剪比例"下拉列表框中选择"4:3"比例，即与输出帧大小比例相同。此时在画面中拖动裁剪控件，即可始终保持4:3的裁剪比例裁剪画面，根据需要调整裁剪框的大小和位置，如图8-15所示。

图8-14 选择"缩放以填充"选项

图8-15 等比例裁剪画面

步骤 06 选择"输出"选项卡，在"源缩放"下拉列表框中选择"缩放以适合"选项，可以看到画面缩放后完全填充输出帧大小，而没有出现黑边，如图8-16所示。

图8-16 预览裁剪效果

✎ 经验之谈

　　在导出短视频后，最好对项目进行打包与备份，以免再次对项目进行修改时丢失素材。单击"文件"|"项目管理"命令，打开"项目管理器"对话框，在"序列"列表中选中要备份的序列，在"生成项目"选项中选中"收集文件并复制到新位置"单选按钮，在"选项"选项区中选中"排除未使用剪辑"复选框，然后单击"浏览"按钮选择保存位置，设置完成后单击"确定"按钮。

任务二 发布短视频作品

从 Premiere 导出短视频作品后，小艾打算把作品发布到抖音平台。在发布作品前，小艾为短视频制作了一个封面，在发布短视频时她选择在 PC 端进行发布，并仔细设置了相关发布选项。

↘ 活动一 制作短视频封面

视频剪辑人员在将短视频发布到平台之前，可以设计一个短视频封面，以吸引更多人浏览。在 Premiere 中为短视频制作封面的具体操作方法如下。

步骤01 在"时间轴"面板中将播放滑块移至要设置为封面的位置，在"节目"面板下方单击"导出帧"按钮，如图8-17所示。

步骤02 弹出"导出帧"对话框，输入名称，在"格式"下拉列表框中选择"PNG"选项，单击"浏览"按钮，设置图片保存位置，选中"导入到项目中"复选框，然后单击"确定"按钮，如图8-18所示。

图 8-17 单击"导出帧"按钮　　　　　　　　　图 8-18 设置导出帧

步骤03 此时即可在"项目"面板中看到导出的图片素材，如图8-19所示。

步骤04 在"项目"面板中选中图片素材，按【Ctrl+R】组合键，在弹出的"剪辑速度/持续时间"对话框中设置"持续时间"为15帧，然后单击"确定"按钮，如图8-20所示。

图 8-19 查看导出的图片素材　　　　　　　图 8-20 设置持续时间

步骤 **05** 将导出的图片素材添加到序列的开始位置，如图8-21所示。

步骤 **06** 在菜单栏中单击"文件"|"新建"|"旧版标题"命令，弹出"新建字幕"对话框，输入名称"封面文字"，然后单击"确定"按钮，如图8-22所示。

图 8-21　添加图片素材

图 8-22　"新建字幕"对话框

步骤 **07** 打开"字幕"面板，使用文字工具输入文字"奔"，然后在"旧版标题样式"面板中选择所需的样式，如图8-23所示。

图 8-23　输入文字并应用样式

步骤 **08** 根据需要设置文字的字体格式，然后复制并修改文字。然后使用另外一种文本样式输入"少年"二字，并调整各文字的位置，如图8-24所示。

步骤 **09** 关闭"字幕"面板，将"封面文字"字幕添加到V3轨道上，如图8-25所示。

图 8-24　编辑文字

图 8-25　添加"封面文字"字幕

步骤 **10** 在"效果控件"面板中分别调整封面图片和封面文字的大小和位置，在"节目"面板中预览封面效果，如图8-26所示。

步骤 **11** 使用"向前选择轨道工具"选中除封面外的所有剪辑，将其移至封面的右侧，如图8-27所示。按【Ctrl+M】组合键，重新导出短视频。

图 8-26 预览封面效果

图 8-27 移动剪辑

✎ 经验之谈

在制作短视频封面时，可以根据需要为封面制作一些视频效果，例如，本例中可以为封面文字制作风吹文字的效果。方法如下：在序列中复制"封面文字"剪辑到V4轨道上，然后选中V3轨道上的"封面文字"剪辑，依次为其添加"投影""方向模糊""锐化"视频效果。在"投影"效果中设置投影颜色为白色，方向为90.0°，增大投影距离并选中"仅阴影"复选框；在"方向模糊"效果中设置方向为90.0°，并调整模糊长度；在"锐化"效果中设置"锐化量"参数即可。

↘ 活动二 发布短视频

下面以抖音短视频平台为例，介绍如何在PC端将制作的短视频发布到抖音平台，具体操作方法如下。

步骤 **01** 在PC端打开"抖音创作服务平台"网页，并登录抖音账号，单击"发布作品"按钮，如图8-28所示。

图 8-28 单击"发布作品"按钮

步骤 **02** 在打开的页面中单击"上传"按钮 ☁，如图8-29所示。

图 8-29 单击"上传"按钮

步骤 **03** 在弹出的"打开"对话框中选择要发布的短视频作品，然后单击"打开"按钮，如图8-30所示。

图 8-30 选择短视频作品

步骤 **04** 进入"发布视频"页面，输入视频标题及描述，单击"添加话题"按钮，添加相关话题，然后单击"选择封面"按钮，如图8-31所示。

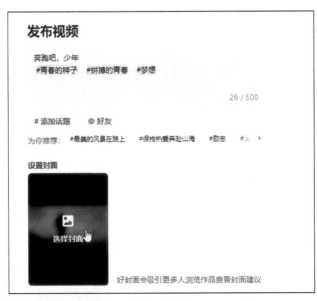

图 8-31 单击"选择封面"按钮

05 在弹出的对话框中会自动选择短视频第1帧作为封面,要使用该封面,可以直接单击"完成"按钮,如图8-32所示。

图 8-32　单击"完成"按钮

06 查看设置的封面效果,可以看到封面上下出现黑边,这是由于抖音短视频封面为3:4的竖版封面,若要设置为竖版封面,可以再次单击视频封面,如图8-33所示。

图 8-33　再次单击视频封面

07 弹出"选取封面"对话框,在下方时间轴上左右拖动白色选框选择封面图片,然后单击"去编辑"按钮,如图8-34所示。

图 8-34　选择封面图片

步骤 08 在弹出的页面中单击"竖封面"按钮□，拖动裁剪框裁剪画面，然后单击"下一步"按钮，如图8-35所示。

图 8-35　裁剪封面

步骤 09 进入"封面编辑"页面，可以从中选择封面模板，添加贴纸、标题、文字或滤镜。在此在左侧单击"模板"按钮□，然后单击"音乐"分类，选择所需的封面模板，并根据需要修改文字，单击"确定"按钮，如图8-36所示。

图 8-36　编辑封面

步骤 10 查看设置的封面效果，如图8-37所示。

步骤 11 根据需要设置"添加标签""视频分类""视频标签""申请关联热点""添加到"等发布选项，如图8-38所示。

步骤 12 设置是否同步到其他平台，是否允许他人保存视频、谁可以看等分享权限，如图8-39所示，然后单击"发布"按钮，即可发布短视频。

13 发布完成后，进入"作品管理"页面，查看发布的短视频作品，根据需要对其进行管理，如修改描述和封面、设置权限、作品置顶、删除作品等，如图8-40所示。

图 8-37 查看封面效果

图 8-38 设置发布选项

图 8-39 设置分享权限

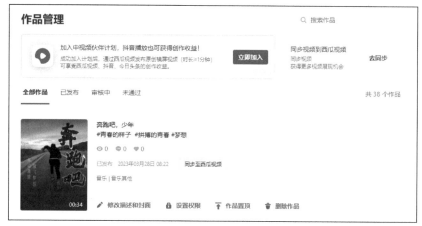

图 8-40 管理发布的作品

素养小课堂

　　短视频强大的传播力对于传播正能量有着积极的作用。短视频创作者要自觉把社会主义核心价值观转化为精彩的中国故事、中国形象，为推动社会主义精神文明建设、中华传统文化、引领时代审美风尚做出积极的贡献。

同步实训

实训内容

输出与发布"古镇旅拍"短视频。

实训描述

打开"古镇旅拍 .prproj"项目文件，导出该短视频并发布到抖音平台。

操作指南

1. 导出"古镇旅拍"短视频

在"时间轴"面板中打开序列，然后打开"导出设置"对话框，设置相关导出参数，将短视频作品导出本地。根据需要导出序列中指定的片段，并在导出时裁剪视频画面。

2. 发布"古镇旅拍"短视频

在 Premiere 中为短视频制作一个合适的封面，然后重新导出短视频。打开"抖音创作服务平台"网页，将短视频作品上传到抖音平台，并进行相关发布设置，如添加视频标题及描述、添加话题、设置封面、设置分享权限等，然后发布短视频。